河流堤防建设干扰区生态修复研究

董增川　孙　飓　贾文豪　崔　璨　著

科学出版社

北　京

内 容 简 介

　　本书以黑龙江干流堤防建设干扰区为研究对象,阐明了河流堤防建设干扰区的概念,识别了干扰方式与作用机理。从土地、生态、景观三个层次构建指标评价模型,利用 3S 技术及多种评价方法对干扰前后的生态受损程度进行评价,建立土地复垦适宜性评价模型,确定土地复垦方向。系统梳理国内外生态修复技术,归纳提炼出相应的生态修复模式。基于数学模型与物理试验,优选最适宜的植物种类,制定生态修复方案。建立预测模型,对生态修复整体效果进行预测。

　　本书可供水文水资源及生态水利等相关领域的科研人员及环境保护与生态建设等领域的管理工作者参考。

图书在版编目(CIP)数据

河流堤防建设干扰区生态修复研究 / 董增川等著. —北京:科学出版社,2022.6
　ISBN 978-7-03-071319-3

Ⅰ. ①河… Ⅱ. ①董… Ⅲ. ①黑龙江流域-堤防-防洪工程-生态恢复-研究 Ⅳ. ①TV871.2

中国版本图书馆 CIP 数据核字(2022)第 006528 号

责任编辑:周　炜　罗　娟 / 责任校对:任苗苗
责任印制:吴兆东 / 封面设计:陈　敬

科　学　出　版　社 出版
北京东黄城根北街 16 号
邮政编码:100717
http://www.sciencep.com

北京中石油彩色印刷有限责任公司 印刷
科学出版社发行　各地新华书店经销
*
2022 年 6 月第　一　版　开本:720×1000 1/16
2022 年 6 月第一次印刷　印张:13 3/4
字数:277 000
定价:98.00 元
(如有印装质量问题,我社负责调换)

前　言

　　黑龙江干流堤防工程分布在黑龙江的右岸，但经历多次洪涝灾害，尤其是2013年大洪水后损毁严重，威胁沿岸居民的生命和财产安全。2014年国家重大水利工程、黑龙江省级重点项目"三江治理工程"正式立项，黑龙江干流堤防建设是"三江治理工程"的重要组成部分，共建设堤防 800.445km，还包括配套的护坡护岸、建筑物、交通道路等，具有规模大、范围广、工期紧等特点。施工造成有效土层厚度降低、植被覆盖度降低、水质污染、水土流失增强、生物多样性减弱、生态系统退化、景观格局改变等不利影响。仅靠自然恢复较为缓慢，长此以往必将加重当地人与生态矛盾，破坏区域生态平衡，影响区域社会经济的可持续发展。因此，为尽快遏制生态环境的退化趋势，亟须深入研究堤防建设对生态的干扰过程，揭示干扰机理，分析干扰程度，提出行之有效的生态修复方案，为黑龙江干流堤防建设干扰区的生态修复提供依据。

　　为此，2015年底启动了"黑龙江干流堤防建设干扰区生态恢复研究"项目，在研究人员的辛勤努力下，项目的研究任务全面完成。本书是在该项目基础上提炼和总结而成的。书中以黑龙江干流堤防建设干扰区为研究对象，选取堤防典型标段进行生态修复研究。通过实地调研、3S技术应用等手段，界定干扰范围并构建生态受损程度评价体系，综合分析评价生态环境受损程度。运用支持向量机方法确定适宜的土地复垦模式。根据受损程度及生态修复目标，结合土地复垦、生态修复及景观重塑的方法，因地制宜地确定干扰区的生态修复方案。

　　全书共9章。第1章为研究区概况，介绍黑龙江干流沿岸的自然状况及堤防建设的情况。第2章为堤防建设对生态系统的干扰分析，主要界定干扰区范围，分析堤防建设前后干扰区的占用状况以及干扰方式、机理与后果。第3章～第5章分别从土地、生态、景观格局三个方面系统评价干扰区的受损程度。第6章主要为土地复垦适宜性评价和土地复垦方向的确定。第7章从土地、生态、景观三个方面建立干扰区生态修复技术体系，总结提炼出四种生态修复模式，选择适宜的草种、树种，制定生态修复方案。第8章建立生态修复效果预测模型，预测干扰区生态修复所需时间与效果。第9章对全书进行总结与展望。

　　本书由董增川、孙飚、贾文豪、崔璨、马逸飞、王远明、李大勇、耿芳、韩锐、李天宇、段长桂、杨婕共同撰写完成。在项目研究与本书撰写过程中，得到了黑龙江省三江工程建设管理局、黑龙江省水利水电勘测设计研究院、黑龙江省科技厅等有关单位以及多位学者专家的大力支持与帮助，在此表示衷心的感谢。

本书得到黑龙江省级重点项目"黑龙江干流堤防建设干扰区生态恢复研究"(HGZL/KY-10)、"嫩江干流治理防浪林工程营造关键技术研究"(NGZL/KY-02)的资助。

限于作者水平，书中难免存在疏漏和不妥之处，敬请读者批评指正。

作　者

2022 年 1 月

目　　录

第1章　研究区概况

1.1　黑龙江流域基本情况

1.1.1　自然地理

黑龙江是世界著名大河之一，跨中国、俄罗斯和蒙古三个国家，河道全长4440km，流域总面积185.6万km^2，其中我国境内89.1万km^2，面积占全流域的48%，黑龙江省行政辖区除绥芬河流域外，均属黑龙江流域，面积达44.71万km^2。石勒喀河与额尔古纳河是黑龙江上源的两大支流，在洛古河汇合后称为黑龙江干流[1]。黑龙江干流全长2821km，大兴安岭地区中俄界河段1861km河道均位于黑龙江省北部。黑龙江省沿黑龙江右岸主要有漠河市、塔河县、呼玛县、爱辉区、黑河市、孙吴县、逊克县、嘉荫县、萝北县、绥滨县、同江市和抚远市等12个市(区、县)及红色边疆农场、逊克农场、嘉荫农场、延军农场、名山农场、江滨农场、绥滨农场、二九〇农场、青龙山农场、勤得利农场等10个国有农场，总人口172.19万人。

黑龙江干流堤防工程分布在黑龙江的右岸，沿岸地形地貌变化较大。黑龙江上游段为山区，位于岛状永久冻土带，沿江两岸山区地形起伏较大。上游段沿右岸分布有河滩地32处，沿江长度296km，滩地平均比降约为1.87‰。黑龙江中游可分为三段：第一段为从结雅河汇入后至嘉荫县保兴山段，长399km，右岸为宽窄变化幅度较大的阶地和河滩地，岸上地形平坦，地面平均比降为1.2‰；第二段为从保兴山至兴东段，长149km，为兴安峡谷，河槽稳定，水深流急，比降约为0.87‰；第三段为由兴东至乌苏里江口段，长434km，右岸有松花江、乌苏里江汇入，是土质肥沃的三江平原，除勤得利、街津口、抚远镇三处孤山外，沿江两岸地势低平开阔，江面宽阔如一长湖，比降约为0.85‰。黑龙江江道宽度从上游平均600m到中游平均1500m，松花江口以下平均2000m，正常水面面积平均在2246km^{2}以上，正常水面宽度最大达3700m，计入汊道后两岸之间最大宽度可达13km(松花江口)。

1.1.2　气候特征

研究区属于大陆性气候，受中纬度西风带和西伯利亚冷空气影响，具有春季干旱大风、夏季温热多雨、秋季晴冷温差大、冬季严寒而漫长的特点。年平均气温为–4.3～5.1℃，全年有 5 个月平均气温在 0℃以下，其中 1 月气温最低，平均气温为–30.6～–14.5℃，7 月气温最高，平均气温为 17.8～25℃[2]。冻土深度分布不均，中上游北部地区冻土深度达 3m，中游地区为 25～30m。融冻层厚度变化在 0.5～2.5m，随土壤组成变化而不同。

流域内年降水量约为 500mm，受气候和地形条件的影响，年内降水主要集中在 6～9 月，占年降水量的 70%；年际变化也较为明显，最大年降水量一般是最小年降水量的 2～3 倍。

流域内水面蒸发能力较弱，年蒸发量为 500～600mm(采用 E-601 型蒸发皿测量)，流域内陆面年蒸发量为 300～400mm，且受气候、地形、冻土及植被等条件综合影响，具有明显的区域性，主要体现在高寒山区径流系数较大，陆面蒸发较小；平原地区径流系数较小，陆面蒸发量较大；干旱少雨区，径流系数接近 0，陆面蒸发量与降水量基本一致。

1.1.3 土壤植被

黑龙江干流上游地区主要以暗棕壤和棕色针叶林土为主，中游地区以暗棕壤为主，白浆土和草甸土也有一定分布，下游平原地区则分布有暗棕壤及白浆土、黑土、草甸土和沼泽土。

黑龙江省南北跨越中温带、寒温带两个热量带，东西横贯湿润、半湿润、半干旱三个湿度带，故植物种类繁多。黑龙江省森林资源丰富，木材品种齐全，林质优良，是全国最大的林区和木材供应基地。同时，黑龙江省还有丰富的草原植被、草甸植被和沼泽植被。黑龙江省的沼泽和苇塘众多，全省苇塘面积 416 万亩①，居全国第一位。黑龙江省共有高等植物 184 科、739 属、2114 种(包括苔藓、蕨类、种子植物)。种子植物 110 科、642 属、1718 种，分别占全国总科数的 46.4%、总属数的 24.7%、总种数的 6.7%。种子植物中被子植物 107 科、636 属、1701 种；裸子植物 3 科、6 属、17 种。植被类型有森林、森林草甸、草甸草原，还有隐域性草甸和沼泽[3]。

黑龙江省植被的水平分布规律是：大兴安岭北部(伊勒呼里山脉以北)为寒温带针叶林，此类型以南的小兴安岭及东部山地为温带针阔混交林，南北呈现鲜明的纬度地带分布规律[4]。在中温带区域内，从东部湿润地区往西部半干旱地区依次出现湿润的针阔混交林带(东部山地)、森林草甸带、半湿润半干旱的草甸草原带和草原带。

① 1 亩≈666.7m²。

1.2　黑龙江堤防建设基本情况

1.2.1　堤防工程现状

黑龙江干流堤防分布在黑龙江的右岸，线路长，范围广，经过多年整修加固，已初具规模，对保护沿江人民生命财产安全和发展生产起到重要作用。但是堤防经过几次洪水的考验，险工弱段多，险情严重，难以抗御较大洪水。每到汛期，抢险任务重，给当地人民生产生活带来极大困难。截至 2015 年 4 月，黑龙江干流有堤防48 段，总长度 638.369km，其中主堤长度 549.996km，回水堤长度 88.373km；现有堤防由土堤、砂堤和混合堤组成。

由于投入资金限制和缺少维修管理经费，已有的黑龙江干流堤防普遍存在防洪标准低，堤身断面窄小，险工多等问题，例如，砂基砂堤和双层地基堤段大部分没有采取可靠的防渗排水措施，施工时就近取土造成堤内、外坑塘密布，缺少护坡等防冰推措施，超高不够等。所以，当出现接近设计标准的洪水时，常出现极度紧张的防汛抢险局面，甚至出现溃堤。在 2013 年洪水中，黑龙江干流堤防二九〇农场 52 队段、萝北县肇兴镇柴宝屯段和同抚大堤八岔段先后出现溃堤，三处溃堤淹没总面积约 1300km^2，淹没和影响村镇近 70 个，人口约 5 万人，给淹没区人民群众生命和财产安全造成了极大威胁。

1.2.2　堤防建设规划

黑龙江干流堤防建设是三江治理工程的重要组成部分，工程是在现状堤防的基础上，增加 38 处新建堤防，黑龙江上游段新建堤防较多，中游段新建堤防集中在嘉荫县，经嘉荫峡谷段进入三江平原后，沿线新建堤防很少。建设地点沿黑龙江干流从上游至下游分别经过漠河市、塔河县、呼玛县、爱辉区、黑河市、红色边疆农场、孙吴县、逊克县、嘉荫县、萝北县、绥滨县、同江市、勤得利农场、抚远市等地区，堤防建设 800.445km，其中新建段堤防 188.07km(含改建新建堤长3.976km)，建设护坡 561.975km，堤防渗控处理长度 227.614km。建设涵闸 110座，建设泵站 20 座，建设堤顶道路 748.204km 等。堤防建设中涉及堤防填筑及相应的护坡、护岸、建筑物、交通工具等。

黑龙江干流堤防建设工程部分堤防属于新建堤防，部分堤防堤高已达标，需要进行扩建以对局部断面加培。所有堤防中，除了开库康回水堤防、新街基堤防、三卡堤防等子堤防工程无护堤地，其余子堤防均有护堤地且基本上确定权属。

1.2.3　堤防占地

堤防建设用地涉及黑龙江干流沿线 12 个市(区、县)的 32 个乡镇 72 个村,包括漠河市、塔河县、呼玛县、黑河市、爱辉区、孙吴县、逊克县、嘉荫县、萝北县、绥滨县、同江市、抚远市,以及黑龙江省农垦总局的 9 个国有农场,分别为红色边疆农场、逊克农场、嘉荫农场、延军农场、名山农场、江滨农场、绥滨农场、二九〇农场、勤得利农场。

黑龙江干流堤防建设工程占地为线性占地,沿线用地现状主要为耕地、林地,土地权属为农村集体所有和国有,国有土地主要为水务局权属的现有堤防的护堤地,还有其他国有单位的土地。局部堤段有拆迁移民,岸边河滩地基本都已开垦成耕地。本次堤防修建工程建设用地范围包括工程永久用地和施工临时用地,工程永久用地扣除水工建设用地(即水务局权属的护堤地用地),为工程永久征地范围。

干流堤防建设工程永久征地范围包括以下几个方面:

(1) 堤身扩建和新建用地。

扩建或新建堤身占地,其中扩建堤身占地范围为现有堤防堤脚线至加高培厚的新堤脚线之间,有护脚和固脚的断面,算至护脚或固脚的外边线。

(2) 新建堤防护堤地用地。

堤防护堤地范围维持现状不变,仅对新建堤防背水侧 2m 进行护堤地征收。

(3) 穿堤建筑物用地。

新建大型建筑物用地按建筑物开挖轮廓征地,扣除与堤防重复的部分;新建小型穿堤建筑物占地若包含在堤身占地或管理范围内,不需要另外征地,超出部分占地计入堤身占地;拆除重建建筑物不需要新增占地。

(4) 护岸工程用地。

主要为削坡和岸顶压边占地。

(5) 上堤路、防汛专用路用地。

主要为新建上堤路和防汛专用路用地占地,已有上堤路和防汛路维修加固不占地,如需扩建需新增占地。

黑龙江干流堤防建设工程在实际施工过程中是按照标段进行的,黑龙江干流堤防建设工程共划分为 23 个标段,不同施工单位承担相应标段下包含的子堤防的新建、扩建(加培或加厚等)等任务。

第2章 堤防建设对生态系统的干扰分析

在江河上筑堤、修建挡水建筑物等水利工程是除害兴利，保障人们生活生产及生命财产安全的一项重要举措。然而，堤防工程在取得巨大社会效益的同时，也会不可避免地对一定范围内的生态环境产生不利影响，对生态系统造成极其严重的干扰，甚至产生不可逆转的损失。结合理论与实际，系统梳理黑龙江干流堤防建设对黑龙江干流生态系统造成的干扰，合理选取典型研究区，对于确定生态恢复的研究方法有重要意义。

2.1 干 扰 区

2.1.1 干扰区范围

堤防建设干扰区主要是指黑龙江干流堤防建设过程中被破坏或占用从而无法正常使用的土地。具体是指在堤防建设过程中因取土、弃渣等活动受到挖损、压占而无法正常使用的土地。

本书研究的黑龙江干流堤防建设干扰区的范围主要包括料场用地、弃渣场用地、施工临建用地以及盖重、压渗用地。干扰区范围可以通过临时用地等征地文件、施工现场场地布置图、全球定位系统(global positioning system, GPS)卫星定位等方法进行界定。

黑龙江干流堤防建设干扰区面积总计为 23638.87 亩，按功能性划分，料场用地面积 15589.38 亩，弃渣场用地面积 1273.86 亩，施工临建用地面积 4609.33 亩，盖重、压渗用地面积 2166.3 亩，见表 2.1。另外，为满足土方挖取和排弃需求，需要在施工期间利用堤顶道路、附近村屯现有道路或在取土场、弃渣场到堤防工程区新建临时道路，全线总长 249.73km。按自然属性划分，干扰区原有占地类型中，耕地 9992.72 亩，其中旱地 9948.36 亩，水田 44.36 亩；林地 8049.78 亩；草地 3829.00 亩；住宅用地 5.07 亩；水域及水利设施用地 1727.82 亩，其中护堤地 448.95 亩；裸地 34.48 亩。

表 2.1　干扰区各市(区、县)及农场临时用地面积　　(单位：亩)

序号	地域	临时用地面积合计	料场用地	弃渣场用地	施工临建用地	盖重、压渗用地
1	漠河市	2138.08	1505.27	—	622.10	10.71
2	塔河县	980.71	792.53	77.67	97.69	12.82
3	呼玛县	2610.54	2198.37	140.40	161.39	110.38
4	爱辉区	774.73	427.55	178.26	81.62	87.30
5	黑河市	1886.94	1384.22	—	336.43	166.29
6	红色边疆农场	815.51	636.03	78.06	60.92	40.50
7	孙吴县	1193.59	761.43	—	279.16	153.00
8	逊克县	3177.66	1513.76	210.69	878.73	574.48
9	逊克农场	—	—	—	—	—
10	嘉荫县	2878.43	1780.51	—	1018.88	79.04
11	嘉荫农场	273.91	147.55	—	122.03	4.33
12	萝北县	695.55	462.04	24.21	66.49	142.81
13	延军农场	—	—	—	—	—
14	名山农场	261.54	155.45	54.14	51.95	
15	江滨农场	154.55	120.55	4.81	13.44	15.75
16	绥滨县	410.01	332.29	40.69	37.03	—
17	绥滨农场	240.14	179.38	25.32	35.44	—
18	二九〇农场	1219.30	906.94	101.42	108.94	102.00
19	同江市	1753.94	765.37	338.19	130.74	519.64
20	勤得利农场	485.06	304.12	—	57.64	123.30
21	抚远市	1688.68	1216.02	—	448.71	23.95
	合计	23638.87	15589.38	1273.86	4609.33	2166.3

表 2.2　干扰区各地类临时用地面积　　(单位：亩)

序号	项目	分类	面积
1	耕地	旱地	9948.36
		水田	44.36
2	林地	林地	7290.10
		灌木林	759.68

续表

序号	项目	分类	面积
3	草地	草地	3829.00
4	住宅用地	农村宅基地	5.07
5	水域及水利设施用地	护堤地	448.95
		其他	1059.61
		坑塘水面(鱼池)	7.22
		内陆滩涂	212.04
6	其他土地	裸地	34.48
	合计	—	23638.87

2.1.2　干扰区生态特征

干扰区位于黑龙江干流流域，处于大陆性气候地区，受中纬度西风带和西伯利亚冷空气影响。区内生态主要呈现出自然条件多样、生态系统结构复杂、生态环境脆弱且不易恢复、人与环境矛盾突出等特征，这些都集中反映了该地区生态环境的脆弱性。

(1) 自然条件复杂多样且以半湿润气候为主。黑龙江干流堤防建设工程分布在黑龙江右岸，沿岸地形地貌变化较大。上游段为低山区；中游至保兴山段，山麓分布且阶地发育；由兴东至乌苏里江汇合口段为低平原，地势低平开阔。该地区受中纬度西风带和西伯利亚冷空气影响，多年平均气温为-4.3~5.1℃，全年有5个月平均气温在0℃以下。此外，流域内年降水量约为500mm，受气候和地形条件的影响，年内降水主要集中在6~9月，占年降水量的70%。干扰区范围内山岭重叠，满布原始森林，是我国面积最大的森林区，蓄积在大兴安岭、小兴安岭、长白山等山脉上的木材，总计约10亿 m^3。

(2) 生态环境脆弱且不易恢复。黑龙江干流堤防建设干扰区属于寒区，且位于黑龙江第四积温带(活动积温 2100~2300℃)、第五积温带(活动积温 1900~2100℃)、第六积温带(活动积温<1900℃)内，存在多年或季节性冻土；春季少雨，严重抑制种子发芽，植物生长季短；降水量少且集中，造成水土冲刷；流域面积大，河道径流量大，且存在冰凌，河道护坡受到强烈冲刷破坏；土壤类型有暗棕壤、白浆土、草甸土、黑土和沼泽土等；有湿地、林地、草地、农田等不同土地类型，并且堤防附近有多个自然保护区，生态系统结构复杂，生物多样性减少，生态系统脆弱，在干扰区生态修复研究过程中需要针对具体地区的特点来制定相应的生态修复方案和措施。

(3) 堤防修建导致人与环境矛盾突出。干扰区内堤防建设改变了干扰区的地质结构与外貌特征，使生态的平衡和稳定性受到破坏，从而使区域的气候及环境都受到严重影响。例如，在施工过程中排放废水以及生活污水破坏了干扰区的水环境；施工期间机械和施工活动会产生粉尘、废气，对干扰区的空气质量造成破坏；堤防建设过程中清基、填筑等工程产生的弃土、弃渣等固体废弃物等均会对周围环境产生不利影响；堤防建设压占或挖损耕地、林地、草地等地类，破坏地表植被的同时还可能造成水土流失等。

2.2　干扰过程

堤防建设的占用方式不同，对干扰区生态产生干扰的方式、机理、后果均不同，对干扰区进行生态修复之前需研究堤防建设对干扰区的干扰过程。

2.2.1　占用方式

根据堤防建设施工步骤，将堤防建设对干扰区的占用分为主体工程、临时道路、取土场、弃渣场、施工生产生活区 5 种方式，各占用方式对干扰区生态系统的干扰方式及造成的后果不同。

2.2.2　干扰方式

1. 挖损

土壤物理性质是土壤的基本属性之一，它与作物生长、水源涵养及其他环境因子之间有密切关系，作为土壤环境的一部分，土壤物理性质与土壤的其他性质息息相关，直接或间接影响土壤肥力和作物生长发育。土壤养分是植物有机营养和矿质营养的来源，对土壤形成与植物生长具有重要作用。挖损会破坏土壤的物理性质，并对土壤养分产生影响。

1) 挖损对土壤物理性质的影响

土壤容重与土壤质地、结构、腐殖质含量及耕作措施等有关，受质地、结构性和松紧度等的影响而变化。容重可以作为土壤的肥力指标之一，也可以用来衡量土壤的松紧状况，与土壤孔隙度的大小和数量关系密切。容重小表明土壤疏松多孔，透水状况较好，结构性良好；反之，容重大则表明土壤相对紧实，透水、透气性较差，土壤易板结且缺少团粒结构。土壤容重对作物的根系穿插产生影响。挖损破坏后，土壤容重小幅增加，说明土壤变得相对紧实，不利于植物根系的穿插。

持水性能够表征土壤对水分的蓄积和保持能力,是一个极其复杂的物理性质,影响因素很多,如结构性、容重、孔隙度等。不同植被覆盖下的土壤结构性和孔性不同,含水量也不同。当土壤含水量高于田间持水量时,土壤开始出现重力水,大孔隙充满水,缺少空气,作物根部环境条件恶化。挖损后,土壤的田间持水量明显降低,土壤的保水和蓄水能力明显降低,不利于植物的生长。

2) 挖损对土壤养分的影响

土壤有机质包括各种动植物残体和微生物,以及生命活动的各种有机产物。土壤有机质既是植物有机营养和矿质营养的源泉,又是土壤中异养型微生物的能源物质,同时也是形成土壤结构的重要因素。它在土壤中的累积、移动和分解过程是土壤形成作用中最主要的特征,直接影响土壤的耐肥性、保墒性、耕性、缓冲性、通气状况和土壤温度等。挖损后,不同深度的土层土壤有机质含量均减少。其中,土壤有机质在 20~40cm 土层减少的趋势更为明显。在土壤有机质含量丰富的地区,土壤有机质含量损失可高达 50%。

土壤中氮素的形态可分为有机态氮和无机态氮两大类,两者之和称为土壤全氮,它不包括土壤空气中的氮素。能被植被直接吸收利用的无机态氮仅占全氮量的 5% 左右,氮大部分以有机态的形式存在(存在于腐殖质、动物残体、植物体和细菌中)。有机态氮在微生物的活动下逐渐被矿化后,才能被植物体吸收利用,从目前的土壤肥力状况来看,大部分土壤施用氮肥都具有显著的肥效。在石灰性或中性的土壤中增施氮肥,还可以提高磷肥的有效性。另外,因为土壤中的氮素绝大部分以有机态存在,它的含量、分布与土壤有机质含量密切相关,而土壤有机质的含量取决于其年形成量和分解量的相对大小。因此,了解土壤全氮含量,不但可以作为施肥时的参考,还可以判断土壤肥力,据此拟定施肥增产措施。挖损后,不同深度土层的全氮含量均有所下降,0~20cm 土层土壤全氮含量降低可达70%左右,20~40cm 土层土壤全氮含量降低可达 80%。

磷是植物必需的三大营养元素之一,我国土壤中的全磷含量占比为 0.02%~0.11%。世界上土壤全磷含量占比则为 0.02%~0.5%。它分为无机态和有机态两类。我国土壤中全磷含量由南向北呈现逐渐增加的趋势。虽然土壤全磷含量不能直接反映土壤的供磷能力,但若土壤全磷含量很低(如<0.04%),则有可能供磷不足。挖损后,土壤全磷含量与未挖土地相比降幅较大,其中土壤全磷在 0~20cm 土层中减少量可达 40%以上,在 20~40cm 土层减少量甚至可达 60%[5]。

2. 压占

原有的地面由于施工活动产生压占现象。在堤防建设过程中弃渣的堆积势必会对原有土地造成压占，除此之外在施工过程中产生的固体废弃物以及生活垃圾的堆放也会对土地造成压占。

1) 压占对土壤物理性质的影响

压占会对原土壤结构造成破坏，使得土壤孔隙度减小，容积密度增大，土壤透气性、水分渗透性减小。

2) 压占对土壤化学性质的影响

压占导致土壤中矿物质与水的接触面积减小，影响土壤有机质的矿化作用，养分离子的湍流和扩散运动减弱，使菌根菌丝的生长和分解者的有益活动受到抑制，从而影响养分循环的速率，造成土壤有效水分、养分供应能力减弱。

3) 压占对土壤生物学性质的影响

压占会导致土壤有机质下降，pH 升高，碳氮比降低。随着压占强度的增加，植被覆盖度明显降低，生物多样性锐减。

3. 机械施工

工程机械在施工中的广泛应用显著提高了生产效率、缩短了工期、降低了劳动强度，但与此同时也不可避免地会对周围环境产生一定的危害，例如，机械施工会产生废气、振动、粉尘、废油等，它们不但污染大气、影响水质，而且影响施工人员及周围居民的身体健康和生产生活。工程机械的施工对环境的影响与设备自身、施工环境及人为因素等都有密切关系。

1) 废气污染物的组成与危害

柴油机排放的废气中包含气态、液态及固态污染物，气态污染物中含有 CO_2、CO、H_2、NO_x、SO_2、碳氢化合物(HC)、有机氮化物及含硫混合物等；液态污染物中含有 H_2SO_4、HC、氧化物等；固态污染物有碳、金属、无机氧化物、硫酸盐，以及多环芳烃(polycyclic aromatic hydrocarbons, PAH)和醛等碳氢化合物。其中最主要的污染物是 CO、HC、NO_x 以及固体微粒(particulate matter, PM)。

CO 是柴油不完全燃烧产生的无色无味气体；HC 也是柴油不完全燃烧和汽缸壁淬冷的产物；NO_x 是 NO_2 与 NO 的总称，均是在燃烧时空气过量、温度过高而生成的氮气燃烧产物，NO 在空气中即被氧化成 NO_2，后者呈红褐色并有强烈气味；PM 是所排气体中的可见污染物，是由柴油燃烧中裂解的碳(干烟灰)、未燃碳氧化合物、机油与柴油在燃烧时生成的硫酸盐等组成的微粒，也就是常见的由排气管冒出的黑烟。相对汽油机而言，柴油机的 CO 和 HC 排放量较少，主要排放的污染物是 NO_x 和 PM。

CO 通过呼吸道进入人体后，会同血红蛋白结合，破坏血液中氧的交换机制，使人缺氧而损害中枢神经，引发头痛、呕吐、昏迷和痴呆等症状，严重时会造成 CO 中毒；HC 中含有许多致癌物质，长期接触会诱发肺癌、胃癌和皮肤癌；NO_2

会刺激人眼黏膜并引起结膜炎、角膜炎，吸入肺脏还会引起肺炎和肺水肿；HC 和 NO 在烈日紫外线照射下会产生光化学烟雾，使人呼吸困难，使植物枯黄落叶，还会加速橡胶制品与建筑物的老化；PM 被吸入人体后会引起气喘、支气管炎及肺气肿等慢性病，在碳烟微粒上吸附的 PAH 等有机物更是极有害的致癌物。

2) 扬尘污染

工地上施工车辆进出、现场临时道路运输以及施工过程都会产生一定的粉尘，若未及时采取妥善的处理措施，如填埋、硬化等，尤其是秋季、冬季在干旱多风环境下作业时，这些都为扬尘的生成提供了动力，易对大气环境和施工场地周围造成扬尘污染。

扬尘大多可以通过鼻腔和咽喉进入肺部，引起肺功能改变、神经系统疾病等，对人体健康造成很大危害，同时扬尘中的颗粒物会降低能见度，易形成浓烟和雾，造成严重的视觉污染，影响人们的日常生活。

3) 水土污染

目前工地上的污水多是无组织排放，任其自由流淌，大部分流入江河。除此之外，出于工程需要而在现浇混凝土中添加的各种掺加剂有的是有害的，有的甚至有毒，例如，与抗冻剂、早强剂一起加入混凝土的阻锈剂——亚硝酸钠，就是一种有强烈毒性的物质。残余的掺加剂将随废水一起流淌，威胁附近的水资源和生态环境。

施工机械清洗或更换油液时所排出的液压油等也会对水质造成污染。挖出的大量泥土、施工剩余的砂石、混凝土、竣工后拆卸的辅助性设施、生活垃圾等，若不合理处理、及时清除或转移，将对环境造成影响。

4. 固体废弃物

固体废弃物会对环境造成多方面的污染。

1) 对水域的污染

在雨水的作用下，固体废弃物渗沥液透过土壤渗入地下水中，会造成地下水污染。如果将固体废弃物倒入河流、湖泊，会引起大批水生生物中毒死亡，从而造成更严重的污染。

2) 对土壤的污染

固体废弃物的存放不仅占用大量土地，其渗沥液中所含的有毒物质会改变土壤结构和土质，从而杀死土壤中的微生物，破坏土壤生态平衡，造成土壤污染。一些病菌通过农作物的富集由食物链进入人体，进而危害人体健康。

3) 对大气的污染

在固体废弃物堆放过程中，某些有机物在一定温度和湿度下发生分解，会产生有害气体，造成大气污染。有些微粒状的废物会随风飘扬，扩散到大气中，造成空气污染，沾污建筑物及花果树木，影响人体健康。

2.2.3　干扰机理

1. 土壤侵蚀

堤防建设施工中料场采挖、弃料弃渣堆放，导致水土流失，土壤结构及化学性质发生改变；同时，由于地表植被的破坏，土壤的自我恢复能力显著下降，原有的良田变为贫瘠的荒地，丧失了生产能力。

土壤侵蚀对生态环境的干扰体现在以下几个方面：破坏土壤和土地资源，土壤侵蚀损失了土壤表层的有机质层，因此土地生产力随着土壤侵蚀的发展而降低；造成泥沙危害；恶化生态系统，土壤是生态系统中的重要组成部分，随着土壤侵蚀的发展，土壤生态也发生相应变化，如土壤层次变薄、肥力降低、含水量减少、热量状况劣化等，使土壤失去生长植物和保蓄水分的能力，进而影响植物调节气候、水分循环等功能；土壤侵蚀会加速森林植被的破坏，生态系统会更加恶化，最终使生态环境长期处于恶化状态而难以逆转。

2. 农田破坏

取土场、弃渣场占用耕地时，会对农田造成破坏。取土场对原有耕地的挖损以及弃渣场的压占，会造成耕地土壤原有物理化学性质的改变，造成土壤有机质以及维持作物生长所必需的氮磷元素含量明显降低，土壤肥力下降，从而影响作物的生长发育。

3. 植被破坏

本书研究的黑龙江干流堤防建设主体工程、临建工程、土石料场、弃土石渣场、修建临时道路等通过挖损、压占等方式，均会对当地植被产生破坏，而植被对于区域生态环境有重要作用，具体体现在以下几个方面：光合作用影响环境有机物含量；蒸腾作用影响环境温度、湿度、水循环等；根的作用影响土壤甚至地表形态，即植物能固风沙，保水土。当植被破坏时，原有的功能丧失，造成不良的生态后果，如水土流失、土地荒漠化、耕地面积下降、生物量下降、生态系统失稳。

4. 水土流失

在堤防建设过程中，土石料开采、主体工程的开挖、辅助设施建设会产生大量的弃土、弃石及弃渣，这些弃土、弃石、弃渣在降雨侵蚀力和径流冲刷力的作用下将造成大面积的剧烈水土流失，直接危及下游地区。水土流失对生态环境的干扰是多方面的，不仅会威胁到土壤，造成土粒和化学物质迁移和运动，而且会影响水质。在堤防建设过程中导致水土流失的主要因素如下：

(1) 地表植被破坏。堤防建设主体工程、临建工程、取土场、弃渣场、临时道路等通过地表剥离、塌陷、压占等方式，破坏地表植被，导致土壤持水能力能力下降，水土流失加剧。

(2) 弃土、弃石、弃渣堆放。施工场地平整、主体工程清基、施工、孵化池弃土等产生大量需处理的弃土、弃石、弃渣，其中大部分为疏松的砂、砾石，这些弃土、弃石、弃渣任意堆放，遇到雨水后极易导致水土流失。

(3) 采石取土。堤防建设工程规模巨大，需要土料较多，采石取土的过程不仅破坏地表的植被，破坏原地貌的水土保持功能，而且表层土被运走后，留下来的是土壤母质、易风化岩石风化壳，由于表层结构的变化和没有植物根系的固土作用，这层风化壳抗侵蚀性、抗冲性迅速降低，降雨时大部分地表水转化为地表径流，从而引起大量的水土流失。

5. 地质灾害

堤防建设工程竣工后，施工现场的临时道路没有恢复到施工前的状态，道路边坡、陡坎未能进行必要的防护处理，引起岸坡冲刷失稳。

对弃土场位置的选择、挖损、弃土方式重视不够，随意弃土，弃土场边坡过高、过陡，将可能导致自然边坡滑塌失稳，引发地质灾害，对当地社会、自然环境造成不良影响。

6. 水质污染

堤防建设施工中坝基、截流及围堰工程等均需向水中投放大量的砂石料，混凝土浇筑所需要的砂、石料清洗等因素均会使大量泥沙进入水体，使水体浊度增大，悬浮物增加，水质下降。同时，由于施工人员大量涌入，生活污水的排放也将对水质产生一定的影响，主要体现在以下几个方面：物理上，严重影响水的感官性能，即浊度增大，降雨期间尤其显著；化学上，主要是加快了富营养化进程，从而导致藻类迅速繁殖。从生物、微生物学来看，微生物大量繁殖，还可能有病毒性细菌存在。此外，在土壤侵蚀的过程中，许多土壤中的污染物进入水体，形成非点源污染。

7. 空气质量下降

堤防建设产生粉尘的环节很多，施工中危害较大的是凿岩、爆破粉尘及交通运输扬尘，大量水泥的使用也会产生一定的扬尘。此外，众多的机械设备与施工企业系统运行，也会产生大量的废气、飘尘、炸药浓烟等有害气体，以上施工活动都会影响大气质量，危害人体健康。

8. 河道形态改变

天然河流是蜿蜒弯曲、分叉不规则的，宽窄不一、深浅各异，在以往的堤防建设中，过多地强调裁弯取直，堤线布置平直单一，使河道的形态不断趋于直线化，岸坡坡脚附近的河床深潭一般也被填平，深潭、浅滩不复存在，导致整个河道断面变为规则的矩形或组合梯形断面，使河道断面失去了天然的不规则化形态，从而改变了原有河道的水流流态，对水生生物产生不良影响。

9. 水文情势变化

新建堤防可能束窄河道过水断面，引起流速增加、水面宽减小、水位和水深增加等，从而导致洪水过程相比无堤防时的相位略有前移，洪水涨水期流量比无堤防时略有增加，退水期流量比无堤防时略有减少等。

10. 移民

堤防建设会影响附近居民的日常生活，黑龙江干流堤防建设工程将占用耕地9992.73亩，农作物产量也会减少，移民的生活质量和生产水平会发生一定的变化。

2.3　干 扰 后 果

2.3.1　环境破坏

堤防建设工程施工会对生态系统赖以存在的自然环境造成直接破坏。例如，施工期废水、废气、固体废弃物排放、土方开挖和填筑、穿堤建筑物施工、土料场开采、工程占地、汽车运输、施工人员活动、居民拆迁与安置等对干扰区的生态环境、水环境、声环境、空气环境、社会环境(土地利用、人群健康、社会经济等)等造成严重影响；堤防运行期可能产生河道束窄、横向连通性受阻等后果，影响干扰区的水文环境。

2.3.2　生态受损

堤防建设过程中，料场及施工占地附近的植被会受到一定破坏，导致植物多样性减少；动物的种类和数量会趋于减少；同时，施工期间，人员大量集结，若不加强管理，可能存在施工人员对鸟类或其他动物的乱捕滥猎现象，也必然严重影响动物的生存，最终导致动物多样性减少。此外，施工时水泥、粉煤灰以及砂石料等在运输以及开挖爆破过程中产生的粉尘和机器运转所排出的废气等，若处理不当会造成大气污染，影响施工人员与当地居民的身体健康。

2.3.3　景观破碎

临时道路、临时建筑以及施工场所等区域会造成景观破碎。景观破碎是由于自然或人文因素的干扰所导致的景观由简单趋向于复杂的过程，即景观由单一、均质和连续的整体趋向于复杂、异质和不连续的斑块镶嵌体。景观破碎对生态环境的干扰体现在三个方面：造成生殖隔离，影响遗传多样性；导致生物生境的破碎化，致使生物生存空间割裂和缩小，影响物种多样性；使得生态环境在物理、化学和生物学方面都发生变化，从而影响生态系统多样性。

黑龙江堤防建设中的干扰方式、干扰过程及对应的干扰影响见表 2.3。

表 2.3　黑龙江堤防建设干扰过程分析

干扰方式	占用方式	干扰过程	干扰影响
挖损	取土场	1. 挖损会导致土层厚度减小，土壤表层的有机质层损失，土壤肥力下降； 2. 一些取土场占地类型为耕地，会对农田造成破坏； 3. 挖损会对地表植物造成破坏； 4. 挖损导致土壤结构以及组分受到破坏，在降雨侵蚀力和径流冲刷力的作用下可能会造成大面积剧烈水土流失； 5. 坡地取土场，挖损后边坡容易失稳，造成地质灾害； 6. 取土场通过挖损占用耕地、林地、草地等会破坏干扰区的景观连续性	1. 土壤侵蚀 2. 农田破坏 3. 植被破坏 4. 水土流失 5. 地质灾害 6. 景观破碎
压占	主体工程 临时道路 弃渣场 施工生产生活区	1. 压占会对土壤结构及组分产生一定程度的破坏，从而影响土壤肥力； 2. 压占地表会对周边的植被造成破坏； 3. 新建堤防可能束窄河道过水断面，引起流速增加、水面宽度减小、水位和水深增加等，从而导致洪水过程相比无堤防时的相位略有前移，洪水涨水期流量比无堤防时略有增加，退水期流量比无堤防时略有减少等	1. 土壤侵蚀 2. 植被破坏 3. 水文情势变化
机械施工	主体工程 临时道路 取土场	1. 施工机械清洗或更换油液时所排出的液压油等会对水质造成污染； 2. 施工过程中产生的废气以及道路交通中的粉尘等会对区域空气质量造成影响	1. 水质污染 2. 空气质量下降

续表

干扰方式	占用方式	干扰机理	干扰后果
固体废弃物处理	主体工程 施工生产生活区	1. 固体废弃物所含的有毒物质会改变土壤结构和土质； 2. 生活污水入江后，也将对水质产生一定的影响	1. 土壤侵蚀 2. 水质污染

2.4　典型区选择

2.4.1　生态修复的影响因素

1. 气候因素

在气候因素中主要考虑光热条件和降水条件。一般而言，在光热条件好、降水丰富的地区，退化生态系统的恢复比较容易。例如，热带亚热带地区，植被生长快，生物多样性复杂，物质再生更新快，生态修复快，效果也比较明显。

2. 地貌和土壤因素

一般来说，地貌主要是自然力作用的结果，不同地区都有适宜该区地貌条件的生态系统。特殊的地貌条件对水土流失的影响较大，治理难度也有较大差异，例如，山区较平原地区水土流失治理难度更大。

土壤是植被生存的基础，土壤条件包含土壤的质地、结构和生产力等。在同样的光热和降水条件下，土层厚、肥力高的区域植被恢复较快；反之，在水土流失严重、土层薄、土壤贫瘠的区域，生态自我恢复的能力就很有限。土壤可谓是生态安全的第二道屏障，失去了土层意味着生态系统再生的基础丧失，生态修复几乎不可能实现。

综上所述，生态环境在恢复的过程中有众多影响因素，各个因素影响的程度和机理也不尽相同。因此，按照气候特点对黑龙江干流堤防建设干扰区进行分段，并综合考虑地貌和土壤等因素对生态修复的影响，制定不同气候区的生态修复方案。

2.4.2　黑龙江干流气候带分区

为综合考虑气候对生态修复的影响，制定不同气候区的生态修复方案，需根据气候特点将黑龙江干流划分为若干气候带。萝北县以东属于中温带大陆性季风气候，嘉荫县以西为寒温带大陆性气候，而漠河市多年平均气温远低于嘉荫县以西其他地区，因此将黑龙江干流划分为三个气候带。其中第一气候带主要包括漠河市；第二气候带主要包括塔河县、呼玛县、爱辉区、黑河市、孙吴县、逊克县及嘉荫县；第三气候带主要包括萝北县、绥滨县、同江市及抚远市。具体气候带划分见表 2.4。

表 2.4 黑龙江干流气候带划分

气候带	区域	气候特点	
		气候类型	特点
第一气候带	漠河市	寒温带大陆性季风气候	冬季受大陆季风和西伯利亚高压控制，冷空气自西向东推进，降水骤降，异常寒冷，严寒期长；春季为大风出现最多的季节，干旱少雨；秋季气温下降迅速，冷空气活动频繁，降水减少
第二气候带	塔河县、呼玛县、爱辉区、黑河市、孙吴县、逊克县及嘉荫县	寒温带大陆性气候	春季日照时间长，降水量少，温度低，风天多；夏季日照时间长，降水量多，温度高，雨天多；秋季日照时间短，降水量较多，温度渐低；冬季日照时间短，降水量少，温度低，晴天多。冬长夏短、四季分明
第三气候带	萝北县、绥滨县、同江市及抚远市	温带大陆性季风气候	冬冷夏热，年温差大，降水集中，四季分明，年降水量较少，大陆性气候较强

黑龙江干流各气候带所包含的堤防工程见表 2.5。

表 2.5 黑龙江干流各气候带所包含的堤防工程

气候带	标段	工程名称	总长/km	防洪标准	堤防标准/等级	用地面积合计/亩
第一气候带	1	洛古河堤防	3.700	20 年一遇	4	78.07
		北极村上段堤防	9.150	30 年一遇	3	341.53
		北极村上段回水堤防	2.100	30 年一遇	3	93.00
	2	北极村下段堤防	6.400	30 年一遇	3	239.17
		29 站堤防	3.923	20 年一遇	4	173.57
		北宏堤防	6.305	20 年一遇	4	106.41
		兴安堤防	6.230	20 年一遇	4	18.69

气候带	标段	工程名称	总长/km	防洪标准	堤防标准/等级	用地面积合计/亩
第二气候带	3	马伦堤防	3.650	20年一遇	4	175.82
		开库康堤防(干堤)	7.423	20年一遇	4	38.70
		开库康回水堤防	7.481	20年一遇	4	25.73
		依西肯堤防(干堤)	15.354	20年一遇	4	286.27
		依西肯回水堤	7.800	20年一遇	4	158.51
	4	曙光堤防—新街基堤防	39.674	20年一遇	4	1517.93
	5	金山堤防	36.682	20年一遇	4	65.44
		呼荣堤防	—	50年一遇	2	40.86
		河南屯堤防	—	20年一遇	4	474.95
		红星村堤防	—	20年一遇	4	88.78
		三卡堤防	—	30年一遇	3	—
		老卡堤防	—	20年一遇	4	56.19
	6	白石砬子堤防	5.900	20年一遇	4	202.11
		张地营子堤防	11.579	20年一遇	4	36.54
		上马厂堤防	6.800	20年一遇	4	354.65
		小乌斯力堤防	7.874	30年一遇	3	76.81
		坤河堤防	4.889	30年一遇	3	53.81
		黄旗营子堤防	11.400	30年一遇	3	85.48
	7	黑河城区堤防	28.215	100年一遇	1	743.24
	8	大五家子堤防(主堤)	15.118	30年一遇	3	191.18
		大五家子回水堤防	8.750	30年一遇	3	154.74
	9	四季屯堤防	16.560	30年一遇	3	109.09
		哈达意堤防	13.341	30年一遇	3	129.78
	10	干岔子堤防	18.200	50年一遇	2	1481.72
	11	干岔子堤防(18+000～46+129)	28.129	50年一遇	2	165.13
	12	边车堤防(0+0000～23+785)	23.785	30年一遇	3	86.53
	13	奇克镇堤防	5.570	50年一遇	2	34.13
		车陆弯子堤防	6.500	20年一遇	4	402.47

续表

气候带	标段	工程名称	总长/km	防洪标准	堤防标准/等级	用地面积合计/亩
第二气候带	13	库尔滨堤防	5.950	30 年一遇	3	109.07
	14	通河堤防	5.652	20 年一遇	4	319.91
		常胜堤防	15.018	30 年一遇	3	—
		乌云堤防	21.000	50 年一遇	2	447.02
	15	雪水温堤防	14.300	30 年一遇	3	243.57
		黄鱼卧子堤防	8.560	20 年一遇	4	403.22
		王家店堤防	16.971	30 年一遇	3	879.59
	16	王家店下段堤防	5.766	20 年一遇	4	334.54
		朝阳堤防	19.350	50 年一遇	2	138.71
		保兴堤防	3.400	30 年一遇	3	589.79
		马莲堤防	3.326	30 年一遇	3	206.99
第三气候带	17	嘉荫县 (嘉荫农场二十队段堤防)	14.300	30 年一遇	3	144.23
		萝北县名山西堤防	5.511	30 年一遇	3	0.56
		萝北县名山东堤防	2.388	50 年一遇	2	48.87
		萝北县肇兴堤防	28.600	50 年一遇	2	18.73
	18	名山鸭蛋河回水堤防	2.572	30 年一遇	3	60.97
		名山农场鸭蛋河主堤	1.046	30 年一遇	3	0.19
		名山农场 2 道沟堤防	0.340	30 年一遇	3	0.26
		名山农场养鸡场段堤防	0.720	50 年一遇	2	0.23
		名山农场粮库段堤防	3.467	50 年一遇	2	8.95
		江滨农场旱河堤防	6.236	50 年一遇	2	10.02
		绥滨农场老龙坑堤防	3.822	50 年一遇	2	184.32
		绥滨县高力村堤防	2.524	50 年一遇	2	126.14
		中兴堤防	4.747	50 年一遇	2	285.97
	19	大口门段堤防	11.768	不足 10 年	5	134.09
		高力段堤防	14.993	不足 10 年	5	38.50
		52 队堤防	2.400	不足 10 年	5	—

续表

气候带	标段	工程名称	总长/km	防洪标准	堤防标准/等级	用地面积合计/亩
第三气候带	19	蜿蜒河闸站段堤防	15.289	30 年一遇(仅上段)	3	—
	20	同江段堤防	37.600	50 年一遇	2	—
	21	额图段堤防	4.858	30 年一遇	3	—
		一分场堤防	1.700	30 年一遇	3	—
		卧牛河至八岔堤防	42.736	50 年一遇	2	—
		八岔—黑鱼泡河口段堤防	16.058	50 年一遇	2	—
	22	黑泡河口至新发亮子堤防	23.175	50 年一遇	2	—
		抚远市堤防	3.976	50 年一遇	2	—
	23	通乌上段回水堤防	12.080	50 年一遇	2	—
		通乌下段回水堤防	40.100	50 年一遇	2	—

2.4.3　典型标段选择

黑龙江干流堤防建设干扰区分布范围广，但不同标段间有相似性，因此其生态修复采用选取典型标段的方法进行研究。为使确定的干扰区生态修复方案适用于所有标段，所选典型标段应具有较强的代表性，能够代表研究区的其他标段；典型标段在选择时还应综合考虑气候、地貌、水文等因素，多样化选取，使其具有多样性；此外，为保证黑龙江堤防建设干扰区生态修复方案考虑全面，还应针对有特殊情况的标段进行具体分析，如具有堤防溃口的第 20 标段(同江市)。

基于气候因素，在三个气候带包含的区域里分别选择若干典型标段；基于地貌因素，在黑龙江干流上游、中游、下游以及城区、非城区分别选取若干典型标段；基于水文因素，分别选取设置堤内、堤外取土场的若干典型标段；除此之外，2013 年的洪水造成三处溃口，洪水过后对堤防的安全产生一定影响，因此考虑到有、无溃口，也分别选取若干典型标段。综上所述，最终选取其中 6 个典型标段作为研究区，见表 2.6。

表 2.6　6 个典型标段的特点

标段	位置	气候带	堤防是否在城区	取土场设置	有无溃口
第 1 标段	上游	第一气候带	非城区	堤内	无
第 7 标段	中游	第二气候带	城区	堤内	无
第 13 标段			非城区	堤内	无

续表

标段	位置	气候带	堤防是否在城区	取土场设置	有无溃口
第 17 标段	中游	第二气候带	非城区	堤内	有
			非城区	肇兴堤防取土场在堤外	有
第 20 标段		第三气候带	非城区	堤内	有
第 22 标段	下游		非城区	抚远镇堤防取土场在堤外	无

第 1 标段包括洛古河、北极村上段堤防工程，洛古河村、北极村都隶属于漠河市，位于黑龙江干流上游，属于第一气候带，标段内取土场均设置在堤内。

第 7 标段包括黑河城区堤防工程，位于黑龙江干流中游，属于第二气候带，标段内取土场设置在堤内。

第 13 标段包括奇克镇、车陆湾子、库尔滨堤防工程，奇克镇、车陆湾子、库尔滨都隶属于逊克县，位于黑龙江干流中游，属于第二气候带，标段内的取土场均设置在堤内。

第 17 标段包括嘉荫农场二十队段堤防，萝北县名山东堤防、名山西堤防和肇兴堤防工程。嘉荫农场二十队段堤防位于嘉荫县，名山西堤防、名山东堤防、肇兴堤防都属于萝北县。嘉荫县、萝北县均位于黑龙江干流中游，属于第三气候带。萝北县肇兴堤防的取土场设置在堤外，标段内有嘉荫农场，标段内有溃口。

第 20 标段包括三江口至街津口堤防工程，三江口是松花江与黑龙江的汇合处，位于同江城东北 4km 处，汇合后俗称"混同江"。街津口位于黑龙江下游的同江县，均位于黑龙江干流中游，属于第三气候带，标段内取土场设置在堤内，标段内有溃口。

第 22 标段包括抚远市的黑泡河口—新发亮子堤防和抚远市堤防工程，均位于黑龙江干流下游，属于第三气候带，抚远镇堤防的取土场设置在堤外。

2.5　本章小结

通过对黑龙江干流堤防建设干扰区干扰方式与机理等的分析，将干扰后果分为环境、生态和景观三个方面，并综合考虑气候、地貌等因素遴选典型标段作为研究区，为河流堤防建设干扰区生态修复研究奠定了基础。

(1) 黑龙江干流堤防建设干扰区的范围包括料场用地、弃渣场用地、施工临建用地以及盖重、压渗用地等。通过征地文件、施工现场场地布置图、遥感影像识别等统计，按功能属性，黑龙江干流堤防建设干扰区面积总计为 23638.87 亩，其中料场用地面积 15589.38 亩，弃渣场用地面积 1273.86 亩，施工临建用地面积 4609.32 亩，堤防盖重、压渗占地面积 2166.3 亩；按自然属性，各地类用地面积耕地 9992.72 亩，其中旱地 9948.36 亩，水田 44.36 亩，林地 8049.78 亩；草地 3829.00 亩；住宅用地 5.07 亩；水域及水利设施用地 1727.82 亩，其中护堤地 448.95 亩；裸地 34.48 亩。

(2) 通过外业调查结合工程实际，确定堤防工程建设干扰单元主要分为 5 类：主体工程、临时道路、取土场、弃渣场、施工生产生活区。干扰方式主要有 4 种：挖损、压占、机械施工、固体废弃物等。干扰机理主要有 10 个方面：土壤侵蚀、农田破坏、植被破坏、水土流失、地质灾害、水质污染、空气质量下降、河道形态改变、水文情势变化、移民等。堤防建设影响了干扰区生态系统平衡，造成的干扰后果主要有 3 个层次：环境破坏、生态受损以及景观破碎等。

(3) 鉴于黑龙江干流堤防建设干扰区分布范围广，但不同标段间有相似性，因此选取典型标段作为研究区。为使生态修复方案能适用于干扰区所有标段，典型标段选择遵循了代表性、多样性及特殊性原则。考虑自然因素(包括气候、地貌、水文等)，以及施工布置(取土场位置)、堤防状态，选取 6 个典型研究标段，分别为第 1 标段(漠河市)、第 7 标段(黑河市)、第 13 标段(逊克县)、第 17 标段(嘉荫县、萝北县)、第 20 标段(同江市)、第 22 标段(抚远市)。

第3章　干扰区土地损毁评价

土地损毁评价能够揭示土地的可供利用范围及土地的利用潜力，是土地复垦工作的一项重要内容，其评价结果对土地复垦适宜性评价以及土地复垦对策的制定、复垦方向的选择、复垦方案的编制、复垦工艺及复垦工程的实施等具有一定的指导意义。

黑龙江干流堤防建设对土地造成的损毁主要包括挖损和压占。其中，取土场将开采范围内的覆盖物(包括岩石、表土)全部剥离，因此在土地损毁评价时主要考虑挖损破坏；主体工程、临时道路、弃渣场和施工生产生活区因堆放开挖土方、废石、表土、施工材料等，造成土地原有功能丧失，因此在土地损毁评价时重点考虑压占破坏。

3.1　土地损毁评价模型

3.1.1　土地损毁评价指标

1. 评价单元划分

黑龙江干流堤防建设干扰区生态修复研究针对选取的 6 个典型标段，按照土地占用方式的不同将各标段划分为 5 个单元：主体工程、临时道路、取土场、弃渣场、施工生产生活区。

2. 指标体系构建

河流堤防建设过程中各单元的功能以及受到破坏的方式有所差异，因此针对不同的工程单元，分别构建各自的土地损毁评价指标体系，并采用指数和法计算土地损毁程度。各单元的土地损毁评价指标见表 3.1。

表 3.1　土地损毁评价指标体系

评价单元	评价因子
主体工程	压占面积
	堆积物平整量
	边坡坡度

续表

评价单元	评价因子
临时道路	路面宽度
	铺筑层厚度
	路面材料
取土场	挖损面积
	挖损深度
	边坡坡度
弃渣场	压占面积
	堆渣高
	边坡坡度
施工生产生活区	压占面积
	开挖排水沟量

3. 评价等级与标准

参考《土地复垦条例》(国务院令第 592 号)中的划分标准,将土地损毁程度划分为 3 级,分别为轻度损毁、中度损毁、重度损毁[6-9]。各损毁程度定义如下。

(1) 轻度损毁:土地损毁轻微,基本不影响土地利用功能。

(2) 中度损毁:土地损毁较严重,影响土地利用功能。

(3) 重度损毁:土地严重损毁,丧失原有土地利用功能。

结合国内相关技术规范和研究成果[10,11],确定各评价指标的分级标准,见表 3.2~表 3.6。

表 3.2 主体工程指标分级标准

评价因子	权重	评价等级		
		轻度损毁	中度损毁	重度损毁
压占面积/hm²	30	<1.0	1.0~5.0	≥5.0
堆积物平整量/m	50	<5.0	5.0~10	≥10
边坡坡度/(°)	20	<15	15~45	≥45
合计	100	—	—	—

表 3.3　临时道路指标分级标准

评价因子	权重	评价等级		
		轻度损毁	中度损毁	重度损毁
路面宽度/m	40	<4.0	4.0~8.0	≥8.0
铺筑层厚度/m	20	<0.05	0.05~0.10	≥0.10
路面材料	40	自然路	砂石路	硬化道路
合计	100	—	—	—

表 3.4　取土场指标分级标准

评价因子	权重	评价等级		
		轻度损毁	中度损毁	重度损毁
挖掘面积/hm²	20	<0.5	0.5~1.0	≥1.0
挖掘深度/m	50	<1.0	1.0~3.0	≥3.0
边坡坡度/(°)	30	<6.0	6.0~15	≥15
合计	100	—	—	—

表 3.5　弃渣场指标分级标准

评价因子	权重	评价等级		
		轻度损毁	中度损毁	重度损毁
压占面积/hm²	20	<1.0	1.0~5.0	≥5.0
堆渣高/m	50	<3.0	3.0~5.0	≥5.0
边坡坡度/(°)	30	<15	15~25	≥25
合计	100	—	—	—

表 3.6　施工生产生活区指标分级标准

评价因子	权重	评价等级		
		轻度损毁	中度损毁	重度损毁
压占面积/hm²	60	<1.0	1.0~5.0	≥5.0
开挖排水沟量/m³	40	<100	100~300	≥300
合计	100	—	—	—

确定各评价因子的质量分值和评价单元综合分值对应的损毁程度。例如，当

轻度损毁时，质量分值为 1；当土地损毁评价综合分值介于 1～100 时，为轻度损毁，见表 3.7。

表 3.7 评价因子的质量分值和评价单元的综合分值

评价因子	评价等级		
	轻度损毁	中度损毁	重度损毁
质量分值	1	2	3
综合分值	0～100	101～200	201～301

3.1.2 土地损毁评价方法

土地损毁的评价方法有极限条件法、指数和法等。土地损毁评价中需要考虑各评价因子重要性的差异，因此，采用指数和法将各评价因子进行量化后，确定土地损毁程度。指数和法模型为[12-22]

$$C(j) = \sum_{i=1}^{n} A_i B_i \tag{3.1}$$

式中，$C(j)$ 为第 j 个评价单元的综合得分，$j=1, 2, 3, \cdots, m$，其中 m 为评价单元个数；A_i 为第 j 个评价单元第 i 个因子的分值，B_i 为第 i 个评价因子的权重系数，$i=1, 2, 3, \cdots, n$，其中 n 为评价因子个数。

3.2 土地损毁程度评价结果及分析

3.2.1 第 1 标段

第 1 标段建设布置 3 处集中取土场，其中北极村上段堤防布置 2 处料场，1#、2#料场占地面积均为 1.00hm²，原有占地类型均为草地；洛古河堤防料场占地面积为 1.00hm²，原有占地类型为草地。工程布置堤防沿线弃渣场，用于清基土方临时堆置，占地面积 3.90hm²，原有占地类型为草地。大部分施工道路利用原有道路，临时道路 3km，基本沿堤后布置，占地面积 1.20hm²，原有占地类型为草地。本标段布置施工生产生活区 5 处，占地面积共计 8.80hm²，原有占地类型为草地。第 1 标段土地损毁程度评价结果见表 3.8。

表 3.8 第 1 标段土地损毁程度评价结果

损毁单元	损毁类型	评价分值	损毁程度
取土场(北极村 1#料场)	挖损	250	重度损毁
取土场(北极村 2#料场)	挖损	250	重度损毁
取土场(洛古河堤防料场)	挖损	250	重度损毁

续表

损毁单元	损毁类型	评价分值	损毁程度
主体工程	压占	170	中度损毁
弃渣场	压占	180	中度损毁
临时道路	压占	160	中度损毁
施工生产生活区	压占	180	中度损毁

3.2.2　第 7 标段

第 7 标段建设布置 1 处集中取土场,占地面积 45.13hm^2,原有占地类型为荒草地。大部分施工道路利用原有道路,临时道路 2.38km,占地面积 9.83hm^2,原有占地类型为耕地。本标段施工生产生活区均在当地租用场地进行布设,未新征用临时用地。第 7 标段土地损毁程度评价结果见表 3.9。

表 3.9　第 7 标段土地损毁程度评价结果

损毁单元	损毁类型	评价分值	损毁程度
取土场	挖损	300	重度损毁
主体工程	压占	230	重度损毁
临时道路	压占	180	中度损毁

3.2.3　第 13 标段

第 13 标段施工临时占地包括取土场、弃渣场和临时道路。取土场共布置 3 处,分别为东山料场、宏丰村料场和西双河料场,占地面积 49.3hm^2,原有占地类型为耕地;弃渣场沿线布置,面积为 6hm^2,原有占地类型为耕地;临时道路用地 3.6hm^2,原有占地类型为耕地,基本沿堤后布置;施工生产生活区均租用附近村屯用地。第 13 标段土地损毁程度评价结果见表 3.10。

表 3.10　第 13 标段土地损毁程度评价结果

损毁单元	损毁类型	评价分值	损毁程度
取土场(东山料场)	挖损	300	重度损毁
取土场(宏丰村料场)	挖损	300	重度损毁
取土场(西双河料场)	挖损	300	重度损毁
主体工程	压占	230	重度损毁
弃渣场	压占	200	中度损毁
临时道路	压占	160	中度损毁

3.2.4 第 17 标段

第 17 标段施工临时占地仅为料场占地,施工道路利用附近现有道路;施工生产生活区均租用附近村屯用地。全标段设置 5 处集中取土场,分别为二十队料场、名山 1#料场、名山 2#料场、萝北 1#料场和萝北 3#料场,原有占地类型为耕地、林地和鱼池等。第 17 标段土地损毁程度评价结果见表 3.11。

表 3.11　第 17 标段土地损毁程度评价结果

损毁单元	损毁类型	评价分值	损毁程度
取土场(二十队料场)	挖损	300	重度损毁
取土场(名山 1#料场)	挖损	300	重度损毁
取土场(名山 2#料场)	挖损	250	重度损毁
取土场(萝北 1#料场)	挖损	300	重度损毁
取土场(萝北 3#料场)	挖损	300	重度损毁
主体工程	压占	230	重度损毁

3.2.5 第 20 标段

第 20 标段施工临时占地包括料场、临时道路和施工生产生活区占地。临时道路除利用附近现有道路外还新建部分施工便道,基本沿堤后布置,占地面积 0.72hm²,原有占地类型为草地;施工生产生活区占地面积 2.85hm²,原有占地类型为林地;取土场仅集中布置 1 处,为街津口新增集中筑堤料场,占地面积 28hm²,原有占地类型为林地,为一处小山包,挖深取土。第 20 标段土地损毁程度评价结果见表 3.12。

表 3.12　第 20 标段土地损毁程度评价结果

损毁单元	损毁类型	评价分值	损毁程度
取土场	挖损	300	重度损毁
主体工程	压占	230	重度损毁
临时道路	压占	160	中度损毁
施工生产生活区	压占	180	中度损毁

3.2.6 第 22 标段

第 22 标段施工临时占地仅为临时道路和施工生产生活区占地。堤防填筑采取吹填法进行,不单独设取土场;临时道路除利用附近村屯现有道路外,还新建部分道路，面积为 11.54hm²，基本沿堤后布置，原有占地类型为草地；施工生产生活区采取分散、集中方式沿堤线布置，面积 0.02hm²，原有占地类型为草地。第 22 标段土地损毁程度评价结果见表 3.13。

表 3.13　第 22 标段土地损毁程度评价结果

损毁单元	损毁类型	评价分值	损毁程度
主体工程	压占	200	中度损毁
临时道路	压占	180	中度损毁
施工生产生活区	压占	100	轻度损毁

3.3　本 章 小 结

针对不同堤防施工单元，分别构建了主体工程、临时道路、取土场、弃渣场及施工生产生活区的土地损毁程度评价模型，采用指数和法确定了不同评价单元的损毁程度等级。

(1) 在所有干扰单元中，取土场的土地损毁状况最严重，各标段取土场的土地损毁等级均达到重度损毁。其次，主体工程的土地损毁状况也比较严重，都达到中度损毁到重度损毁。

(2) 综合对比各标段的土地损毁程度，第 17 标段由于情况比较特殊，共修建 5 处取土场，挖损面积比例达到 56.67%；主体工程压占面积比例达到 28.2%，土地损毁的评价结果亦均为重度损毁，整体土地破坏情况十分严重。

第 4 章　干扰区生态受损评价

河流堤防建设施工对堤防沿线及周边生态环境会产生不利影响，而黑龙江干流堤防建设工程由于施工期短、涉及地域范围广，使得干扰区的生态严重受损。受干扰的环境因素主要有生态环境、水环境、空气环境等。另外，工程建设将扰动地表，损毁林草植被，破坏工程占地范围内原有的地貌，造成水土流失强度增加、环境质量下降等问题。因此，如何科学客观地评价堤防建设对生态环境产生的负面影响，系统全面地了解各个典型研究区的生态受损程度，从而有效地修复生态系统的结构和功能，是堤防建设干扰区生态修复研究中十分重要的问题。

4.1　生态受损评价模型

4.1.1　生态健康评价指标

1. 指标体系构建

在构建生态健康评价指标体系时，需要筛选出能反映黑龙江干流堤防建设干扰区生态健康状况变化的指标。通过基础资料收集和外业调查，结合干扰区的实际情况，选取有效土层厚度、植被覆盖度、水土流失强度、水质达标率和空气质量达标天数 5 个指标构建生态健康评价指标体系，如图 4.1 所示。

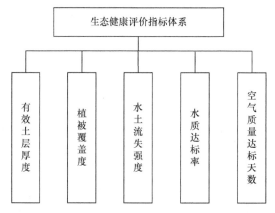

图 4.1　黑龙江干流堤防建设干扰区生态健康评价指标体系

1) 有效土层厚度

有效土层厚度 C_1(cm)是指从自然地表到障碍层或石质接触面的土壤厚度, 即可以容纳作物根系生长发育的有效土层的厚度, 是鉴定耕地质量的主要因素。有效土层厚度会影响作物根系的发育和土壤储水与保水的能力。

2) 植被覆盖度

植被覆盖度 C_2(%)是指单位面积内, 乔木林、灌木林与草地等林草植被面积之和占土地总面积的百分比。计算公式为

$$C_2 = \frac{\sum_{i=1}^{N} S_i}{S} \times 100\% \tag{4.1}$$

式中, S_i 为各类植被的覆盖面积; S 为土地总面积。

3) 水土流失强度

水土流失强度 C_3(t/(km²·a))是指地表层土壤和地表水在外营力的作用下, 单位面积、单位时段内水和土的流失量, 可通过当地土壤侵蚀数据计算得到。采用《土壤侵蚀分类分级标准》(SL 190—2007)中有关水力侵蚀强度分级的规定, 即平均侵蚀模数作为水土流失强度等级的划分标准。

4) 水质达标率

水功能区水质达标率 C_4(%)是指水质达标的水功能区占评价的水功能区比例, 自水利部 2017 年《水功能区监督管理办法》实施以来广泛使用。水功能区的水质达标率可以反映河流组成结构是否合理, 以及河流在满足生物栖息、洪水调节以及水资源供应等多方面需求的程度。

水质达标率公式如下:

$$C_4 = \frac{n}{N} \times 100\% \tag{4.2}$$

式中, n 为水质达标的水功能区数量; N 为评价河段上水功能区的总数量。

5) 空气质量达标天数

空气质量达标天数 C_5(d)依据《环境空气质量标准》(GB 3095—2012), 定义为干扰区空气质量优于二类区(即城镇规划中确定的居住区、商业交通居民混合区、文化区、一般工业区和农村地区)的天数。

2. 指标等级与标准

基于已有的国家标准、行业规范和地方标准以及发展规划, 通过专家咨询及借鉴相关研究成果[23-29], 将干扰区生态健康划分为 5 个等级: L_1 表示很健康; L_2 表示健康; L_3 表示亚健康; L_4 表示不健康; L_5 表示病态。各指标评价标准值见表 4.1。

表 4.1　各指标评价标准值

指标层	等级				
	L_1	L_2	L_3	L_4	L_5
有效土层厚度/cm	≥100	80~100	60~80	30~60	<30
植被覆盖度/%	≥50	40~50	35~40	30~35	<30
水土流失强度 /[t/(km² · a)]	<200	200~2500	2500~5000	5000~8000	≥8000
水质达标率/%	≥80	70~80	50~70	25~50	<25
空气质量达标天数/d	≥340	330~340	300~330	250~300	<250

4.1.2　生态健康评价方法

物元分析是我国著名学者蔡文教授于 20 世纪 80 年代提出的新方法，旨在研究物元及其变化规律，以解决现实生活中的不相容问题。对于所研究的物元，若其因素量值具有模糊性，则构成模糊不相容问题，由此引出模糊物元分析。模糊物元分析就是将模糊数学理论引入物元分析，通过对影响事物的各个模糊因素间的不相容性进行分析、研究和总结，而使此类模糊不相容问题得以解决的一种新方法。由于模糊物元分析具有概念、原理清晰及计算简单等特点，近年来已广泛应用于工程领域，并取得了良好的评价效果。

不同指标因子对区域生态系统健康状况的贡献有所差异，因此需要用指标权重反映这种差异性，且指标权重要求合理有效，避免片面性。目前权重的确定方法众多，如因子分析法、层次分析法、熵权法、神经网络等[30]。

黑龙江干流堤防建设干扰区的生态健康评价是一个多指标决策过程，存在单项指标评价结果间的不相容性问题，而且指标权重的合理性对于生态健康评价十分重要。因此，通过将层次分析法和模糊物元可拓模型相结合，构建基于层次分析法的模糊物元评价模型，并应用于黑龙江干流堤防建设干扰区的生态健康评价中，从而科学、合理地评价干扰区的生态健康状况。

1. 层次分析法

层次分析法[31-38](analytic hierarchy process，AHP)是从定性分析到定量分析综合集成的一种典型系统工程方法，通过对人们的主观判断做出客观描述，从而确定定量指标和定性指标的权重问题。层次分析法首先把复杂的问题分解为各个组成因素，将这些因素按支配关系分组，从而形成有序的递阶层次结构，通过两两比较的方式确定层次中诸因素的相对重要性，综合多人判断用以决定决策因素相对重要性总的顺序。层次分析法能够把决策者的主观判断和推理紧密地联系起来，对决策者的推理过程进行量化描述。层次分析法体现了决策思维过程中分解、判断、综合的基本特征，是一种方便有效的多准则决策方法，因此近年来得到广泛应用。

这种方法的特点是在对复杂的决策问题的本质、影响因素及其内在关系等进行深入分析的基础上，利用较少的定量信息使决策的思维过程数学化，从而为多目标、多准则或无结构特性的复杂决策问题提供简便的决策方法，尤其适用于对决策结构难以直接准确计量的情况。

层次分析法建模步骤如下。

1) 构造判断矩阵

层次分析法是建立在专家调查评分基础上的，该方法是在同一目标、同一准则或同一领域下对相关核心指标的重要性进行比较，得出直接比较每一层次上各指标之间重要程度的判断矩阵，见表 4.2。专家完全能够胜任两个因子之间重要程度的比较。对于多因子权重分析，如对于 n 个因子，仅需分别对两个因子比较其相对重要性。因子两两比较的结果以 Saaty 的 $1\sim9$ 标度法表示，$1\sim9$ 标度的含义见表 4.3。

表 4.2　判断矩阵

因素	x_1	x_2	x_3	$\cdots$	x_n
x_1	1	x_{12}	x_{13}	$\cdots$	x_{1n}
x_2	$1/x_{12}$	1	x_{23}	$\cdots$	x_{2n}
x_3	$1/x_{13}$	$1/x_{23}$	1	$\cdots$	x_{3n}
$\vdots$	$\vdots$	$\vdots$	$\vdots$		$\vdots$
x_n	$1/x_{1n}$	$1/x_{2n}$	$1/x_{3n}$		1

由表 4.2 可知，对角线上的标度为 1，对角线上与对角线下的数值互为倒数，因此仅需对不同指标进行一次两两比较即可。

表 4.3　层次分析法标度含义

标度	相对重要性判断的含义
1	x_i 与 x_j 相比，具有同样的重要性
3	x_i 与 x_j 相比，x_i 比 x_j 稍微重要
5	x_i 与 x_j 相比，x_i 比 x_j 明显重要
7	x_i 与 x_j 相比，x_i 比 x_j 强烈重要

标度	相对重要性判断的含义
9	x_i 与 x_j 相比，x_i 比 x_j 重要得多
2、4、6、8	上述相邻判断的中值
倒数	若 x_i 与 x_j 相比重要性之比为 x_{ij}，则 x_j 与 x_i 相比的重要性之比就是 $x_{ji}=1/x_{ij}$

2) 计算相对权重

先计算出判断矩阵 X 的最大特征值，然后求出规范化的 $\lambda_{\max}$ 与其对应的特征向量 W，即

$$XW = \lambda_{\max}W \tag{4.3}$$

将特征向量 W 再做归一化处理，从而得到 $(w_1, w_2, \cdots, w_n)$，就是对应于 n 个评价因子的权重系数。

但是直接求解判断矩阵 X 的最大特征值 $\lambda_{\max}$ 和特征向量 W 一般比较困难，通常采用和积法和方根法来计算评价因子的相对权重。

(1) 和积法计算步骤。

将判断矩阵 X 按列归一化：

$$\overline{x_{ij}} = \frac{x_{ij}}{\sum\limits_{k=1}^{n} x_{kj}}, \qquad i = 1, 2, \cdots, n \tag{4.4}$$

按行相加求得和数：

$$\overline{w_i} = \sum_{j=1}^{n} \overline{x_{ij}}, \qquad i = 1, 2, \cdots, n \tag{4.5}$$

归一化处理：

$$w_i = \frac{\overline{w_i}}{\sum\limits_{i=1}^{n} \overline{w_i}}, \qquad i = 1, 2, \cdots, n \tag{4.6}$$

得到 $W = (w_1, w_2, \cdots, w_n)$，即为所求权重向量。

计算求得最大特征值 $\lambda_{\max}$ 为

$$\lambda_{\max} = \frac{1}{n} \sum_{i=1}^{n} \frac{(XW^{\mathrm{T}})_i}{w_i} \tag{4.7}$$

(2) 方根法计算步骤。

按行元素求得几何平均值：

$$\overline{w_i} = \sqrt[n]{\prod_{j=1}^{n} x_{ij}}, \qquad i, j = 1, 2, \cdots, n \tag{4.8}$$

进行规范化，得权重系数 w_i ：

$$w_i = \frac{\overline{w_i}}{\sum_{i=1}^{n} \overline{w_i}}, \qquad i = 1, 2, \cdots, n \tag{4.9}$$

得到 $W = (w_1, w_2, \cdots, w_n)$ ，即为所求权重向量。

应用 MATLAB 软件计算各判断矩阵的最大特征值及其对应的特征向量。

3) 一致性检验及各层单独排序

构建的判断矩阵是不同因子两两比较得到的结果。由于每个因子都与其他因子进行了比较，在构造判断矩阵时并不能完全保证比较结果的一致性。因此，需要对判断矩阵进行一致性检验。

判断矩阵的一致性指标 CI 的计算公式为

$$\text{CI} = \frac{\lambda_{\max} - n}{n - 1} \tag{4.10}$$

式中， $\lambda_{\max}$ 为判断矩阵中满足等式 $XW = \lambda_{\max}W$ 的最大特征值。

一般采用式(4.12)来检验矩阵的一致性：

$$\text{CR} = \frac{\text{CI}}{\text{RI}} \tag{4.11}$$

式中，CR 为判断矩阵的随机一致性比率；CI 为判断矩阵的一致性指标；RI 为判断矩阵的平均随机一致性指标，对于 1~10 阶判断矩阵，RI 的值见表 4.4。

表 4.4　随机一致性指标 RI 值

n	1	2	3	4	5	6	7	8	9	10
RI	0	0	0.58	0.90	1.12	1.24	1.32	1.41	1.45	1.49

当 CR<0.1 时，认为判断矩阵具有符合要求的一致性，权重向量为单排序值；若不符合要求，应调整判断矩阵，直到得到符合要求的一致性。

4) 一致性检验及其总排序

通过综合层次总排序的计算，确定指标层各评价指标相对目标层的权重，并据此对各评价指标做出最终排序。总排序的计算方法如下：设总目标层(A 层)包含 $B_1, B_2, \cdots, B_m$ ，共 m 个准则层(B 层)，他们的层次总排序分别为 $b_1, b_2, \cdots, b_m$ 。又设准则层(B 层)的下一层指标层(C 层)共 n 个评价指标 $C_1, C_2, \cdots, C_n$ ，它们关于 B_j 的层次单排序权重分别为 $b_{1j}, b_{2j}, \cdots, b_{nj}$ (当 C_i 与 B_j 无关联时， $b_{ij} = 0$)。现求各个指标对于总目标层的权重，即求 C 层各指标的层次总排序权重 $c_1, c_2, \cdots, c_n$，即 $c_i = \sum_{j=1}^{m} c_{ij} b_j, i = 1, 2, \cdots, n$。

各层次总排序后，需要进行一致性检验，若指标层(C 层)相对于准则层 B_j 单排序的一致性指标为 CI_j，相对应的平均随机一致性指标为 RI_j，则指标层次总排序的随机一致性比率为

$$CR = \frac{\sum_{j=1}^{m} b_j CI_j}{\sum_{j=1}^{m} b_j RI_j}, \quad j = 1, 2, \cdots, m \tag{4.12}$$

当 $CR < 0.1$ 时，层次总排序具有符合要求的一致性，否则就需要对判断矩阵进行重新调整，直到结果满意。

2. 基于可拓物元法的递阶层次架构

物元的定义即为给定事物的名称，它关于特征的量值为：以有序三元组 $R = (N, c, v)$ 作为描述事物的基本元，简称物元。同时把事物的名称、特征和量值称为物元三要素。根据物元的定义，v 由 N 和 c 确定，记为 $v = c(N)$。因此，物元也可以表示为 $R = (N, c, c(N))$。

一个事物有多个特征，如果事物 N 以 n 个特征 $c_1, c_2, \cdots, c_n$ 和相应的量值 $v_1, v_2, \cdots, v_n$ 描述，则表示为

$$R_{0j} = (N_{0j}, C_i, x_{0ji}) = \begin{bmatrix} & c_1 & v_1 \\ N_{0j} & c_2 & v_2 \\ & \vdots & \vdots \\ & c_n & v_n \end{bmatrix} = (N, C, V) \tag{4.13}$$

称 R 为 n 维物元，其中，

$$C = \begin{bmatrix} c_1 \\ c_2 \\ \vdots \\ c_n \end{bmatrix}, \quad V = \begin{bmatrix} v_1 \\ v_2 \\ \vdots \\ v_n \end{bmatrix} \tag{4.14}$$

当可拓集合的元素是物元时，则构成物元可拓集。可拓学中的可拓集合概念将元素与区间的关系由属于和不属于扩展为元素到区间的距离，并由此产生关联函数，用 $(-\infty, +\infty)$ 中的数描述元素与区间的关系。其中，关联度为正数表示具有该性质的程度，负数表示不具有该性质的程度，零则表示易转变为另外一种性质。

在物元可拓集中，每一个元素都具有子集的内部结构，它的三要素及内部结构是可以变化的，从而能够较合理地描述自然现象和社会现象中各事物的内部结构、彼此关系及变化状态。

根据物元模型与可拓集合理论[39-48]，黑龙江干流堤防建设干扰区生态健康评价的基本思路是：首先按照一定标准和准则将评价对象的生态健康状况分为若干等级，通过国内外文献及当地规划给出各等级的数据范围，将待评价对象的指标值代入各等级的集合中进行多指标评定，评定结果按它与各等级集合的关联度进行比较，关联度越大，它与该等级集合的符合程度就越好。具体评价步骤如下。

1) 确定经典域

$$
R_{0j} = (N_{0j}, C_i, x_{0ji}) = \left[N_{0j} \begin{array}{cc} c_1 & x_{0j1} \\ c_2 & x_{0j2} \\ \vdots & \vdots \\ c_m & x_{0jm} \end{array} \right] = \left[N_{0j} \begin{array}{cc} c_1 & \langle a_{0j1}, b_{0j1} \rangle \\ c_2 & \langle a_{0j2}, b_{0j2} \rangle \\ \vdots & \vdots \\ c_m & \langle a_{0jm}, b_{0jm} \rangle \end{array} \right] \tag{4.15}
$$

式中，N_{0j} 为评价对象 N 的第 j 个健康等级，$j=1,2,\cdots,h$；C_i 为第 i 个评价指标，$i=1,2,\cdots,m$；x_{0ji} 为健康等级 N_{0j} 关于指标 C_i 所规定的量值范围，即各评价指标 C_i 关于各等级 N_{0j} 的数据范围(经典域)。

由此，所有健康等级的经典域可用矩阵表示为

$$
R_0 = \left[\begin{array}{ccccc} N_0 & N_{01} & N_{02} & \cdots & N_{0h} \\ c_1 & \langle a_{011}, b_{011} \rangle & \langle a_{021}, b_{021} \rangle & \cdots & \langle a_{0h1}, b_{0h1} \rangle \\ c_2 & \langle a_{012}, b_{012} \rangle & \langle a_{022}, b_{022} \rangle & \cdots & \langle a_{0h2}, b_{0h2} \rangle \\ \vdots & \vdots & \vdots & & \vdots \\ c_m & \langle a_{01m}, b_{01m} \rangle & \langle a_{02m}, b_{02m} \rangle & \cdots & \langle a_{0hm}, b_{0hm} \rangle \end{array} \right] \tag{4.16}
$$

2) 确定节域

$$
R_p = (P, C_i, x_{pi}) = \left[P \begin{array}{cc} c_1 & x_{p1} \\ c_2 & x_{p2} \\ \vdots & \vdots \\ c_m & x_{pm} \end{array} \right] = \left[P \begin{array}{cc} c_1 & \langle a_{0p1}, b_{0p1} \rangle \\ c_2 & \langle a_{0p2}, b_{0p2} \rangle \\ \vdots & \vdots \\ c_m & \langle a_{0pm}, b_{0pm} \rangle \end{array} \right] \tag{4.17}
$$

式中，P 为健康等级的全体，$x_{pi} = \langle a_{0pi}, b_{0pi} \rangle$ 为 P 关于指标 C_i 所规定的量值范围，即指标 C_i 关于全部健康等级所取得的数据范围(节域)，显然 $x_{0ji} \subset x_{pi}$。

3) 确定待评物元

与评价对象有关的数据或分析结果用物元表示为

$$R = \begin{bmatrix} P & \begin{matrix} c_1 & x_1 \\ c_2 & x_2 \\ \vdots & \vdots \\ c_m & x_m \end{matrix} \end{bmatrix} \tag{4.18}$$

式中，P 为待评价对象；x_i 为待评价对象 P 关于指标 C_i 所规定的量值。

4）待评事物各指标关于各等级的关联度

在可拓数学中，给定论域 U 及 U 中的一个集合 A，用 $(-\infty, +\infty)$ 来描述 U 中的元素 u 属于和不属于 A 的程度，记为 $K(u)$，即 $-\infty < K(u) < +\infty$。$K(u) \geqslant 0$ 表示属于的程度；$K(u) \leqslant 0$ 表示不属于的程度。称函数 $K(u)$ 为 U 关于集合 A 的关联度函数，函数值称为关联度。

关联度公式如下：

$$K_j(x_i) = \begin{cases} \dfrac{\rho(x_i, x_{0ji})}{\rho(x_i, x_{pi}) - \rho(x_i, x_{0ji})}, & \rho(x_i, x_{pi}) - \rho(x_i, x_{0ji}) \neq 0 \\ -\rho(x_i, x_{0ji}) - 1, & \rho(x_i, x_{pi}) - \rho(x_i, x_{0ji}) = 0 \end{cases} \tag{4.19}$$

$$\rho(x_i, x_{0ji}) = \left| x_i - \frac{1}{2}(a_{0ji} + b_{0ji}) \right| - \frac{1}{2}(b_{0ji} - a_{0ji}) \tag{4.20}$$

$$\rho(x_i, x_{pi}) = \left| x_i - \frac{1}{2}(a_{pi} + b_{pi}) \right| - \frac{1}{2}(b_{pi} - a_{pi}) \tag{4.21}$$

式中，$\rho(x_i, x_{0ji})$、$\rho(x_i, x_{pi})$ 分别表示点与区间的距，$\rho(x_i, x_{0ji})$ 表示点 x_i 与区间 x_{0ji} 的距，$\rho(x_i, x_{pi})$ 表示点 x_i 与区间 x_{pi} 的距。相当于模糊数学中描述模糊集合的隶属度，用以描述可拓集合的则是关联度 $K_j(x_i)$，关联度的取值范围是整个实数轴。关联度实际是刻画待评事物各指标关于各评价等级 j 的归属程度。

若指标 C_i 的权重系数为 λ_i，且 $\sum_{i=1}^{n} \lambda_i = 1$，则 $K_j(P) = \sum_{i=1}^{n} \lambda_i K_j(x_i)$。式中，$K_j(P)$ 为待评事物各指标关于各等级的关联度，即考虑指标重要性程度情况下的组合值，表示待评定事物 p_0 属于集合 P_0 的程度。

5）等级评定

当关联度 $K_j(P)$ 大于 0 时，表示被评价对象完全符合等级 j；当其小于 -1 时，表示被评价对象不属于等级 j，当其介于 $-1 \sim 0$ 时，表示被评价对象基本符合等级 j，且符合的程度取决于关联度的具体值。若符合多个等级，则按最优原则划分。

如果 $K_{j0}(P) = \max\limits_{j \in \{1, 2, \cdots, m\}} K_j(P)$，则评定 p_0 属于等级 j_0。令

$$\overline{K_j(P)} = \frac{K_j(P) - \min K_j(P)}{\max K_j(P) - \min K_j(P)} \tag{4.22}$$

$$j^* = \frac{\displaystyle\sum_{j=1}^{m} j\overline{K_j(P)}}{\displaystyle\sum_{j=1}^{m} \overline{K_j(P)}} \tag{4.23}$$

式中，j^* 为 p_0 的级别变量特征值，从 j^* 数值的大小可以判断出待评定物元偏向相邻类别的程度。

3. 改进后的单层次模糊优选评价

模糊优选的理论基础是模糊集合论和相对隶属度理论，常用于解决多目标决策问题。在优选中相对隶属度分为目标对于优的相对隶属度和决策对于优的相对隶属度，它们分别简称为目标相对优属度与决策相对优属度。下面给出绝对隶属度和相对隶属度的定义。

绝对隶属度：设论域 U 上的一个模糊概念 A，分别赋给 A 处于共维差异的中介过渡段的两个极点以 0 和 1 的数。在 0 到 1 数轴上构成一个[0,1]闭区间数的连续统。对于任意 $u \in U$，都在该连续统上指定一个数 $\mu_A^0(u)$，称为 u 对 A 的绝对隶属度，映射 $\mu_A^0 : U \to [0,1]u \mapsto \mu_A^0(u)$，称为 A 的绝对隶属度函数。

相对隶属度：设在该连续统的数轴上建立参考系，使其中的任两个点定为参考系坐标的两极，赋给参考系的两极以 0 和 1 的数，并构成参考系[0,1]数轴上的参考连续统。对任意 $u \in U$，在参考连续统上指定了一个数 $\mu_A(u)$，称为 u 对 U 的相对隶属度，映射 $\mu_A : U \to [0,1]u \mapsto \mu_A(u)$，称为 A 的相对隶属度函数。

为了使模糊优选能够适用于方案等级评价，即指标相对隶属度和方案优属度具有"绝对"意义，可以对模糊优选理论中的隶属度进行改进。因为相对隶属度的实质是将方案样本指标的最大值、最小值赋以 1 和 0 作为参考系上的两极，然后在连续统上寻求映射关系。而相对隶属度和绝对隶属度具有一定关系，如果参考连续统的两极向连续统逐渐逼近，则相对隶属度逐渐逼近绝对隶属度。在生态健康评价中，可以通过专家咨询以及类比等方法构造左右两个基点，代替最小算子和最大算子来计算隶属度。左基点代表评价指标的"不容许值"，右基点代表评价指标的"理想值"，可将由此计算出来的隶属度视为具有相对意义的"绝对隶属度"。

设 a_i、b_i 为指标集 p 的左右两个基点值，其中 $a_i < b_i$，隶属度计算公式如下。

(1) 效益型指标。

$$k(x_i) = \begin{cases} 0, & x_i \leqslant a_i \\ \dfrac{x_i - a_i}{b_i - a_i}, & a_i < x_i < b_i \\ 1, & x_i \geqslant b_i \end{cases} \quad (4.24)$$

(2) 成本型指标。

$$k(x_i) = \begin{cases} 1, & x_i \leqslant a_i \\ \dfrac{b_i - x_i}{b_i - a_i}, & a_i < x_i < b_i \\ 0, & x_i \geqslant b_i \end{cases} \quad (4.25)$$

根据式(4.26)，转换后的节域为〈0,1〉，经典域为〈0,1〉内的单一区间。这一转换思想与指标隶属度计算方法类似，作为转换标准的节域断点值和中部最优值相当于隶属度计算中的基点值。这样的处理方法，最大限度地保留了指标的特征值、经典域端点值、节域端点值之间的对比关系。改进后的隶属度计算可以使得评价标准独立于评价方案，是一种具有相对意义的"绝对隶属度"。全部由最优基点值构成的理想优等方案的健康综合指数为 1，全部由最劣基点值构成的劣等方案的健康综合指数为 0。运用改进后的模糊绝对隶属度的优选方法计算得到的评价方案相对于理想优等方案的"绝对隶属度"，是生态健康评价的综合指数。

在进行黑龙江干流堤防建设干扰区生态健康评价时，综合上述内容，将生态健康评价等级划分为五个等级：很健康、健康、亚健康、不健康和病态。

4.2　干扰区生态健康评价结果及分析

4.2.1　评价指标值的提取

根据黑龙江干流堤防工程建设规模以及工程量等数据,参照 2014～2016 年度《黑龙江省环境统计年报》、《中华人民共和国水文年鉴》、《黑龙江水资源公报》、《中国水土保持公报》等计算得到各指标值。堤防建设前后各标段的生态健康评价指标值见表 4.5。

表 4.5　堤防建设前后各标段的生态健康评价指标值

标段	指标层	指标值		
		2014 年	2015 年	2016 年
第 1 标段	有效土层厚度/cm	60	19	23
	植被覆盖度/%	65	35	40

续表

标段	指标层	指标值		
		2014 年	2015 年	2016 年
第 1 标段	水土流失强度/[t/(km² · a)]	800	950	900
	水质达标率/%	100	100	100
	空气质量达标天数/d	357	365	365
第 7 标段	有效土层厚度/cm	55	12	16
	植被覆盖度/%	47	25	30
	水土流失强度/[t/(km² · a)]	800	950	890
	水质达标率/%	100	98	100
	空气质量达标天数/d	365	346	365
第 13 标段	有效土层厚度/cm	50	10	18
	植被覆盖度/%	44	27	31
	水土流失强度/[t/(km² · a)]	700	900	880
	水质达标率/%	100	100	100
	空气质量达标天数/d	365	365	365
第 17 标段	有效土层厚度/cm	45	15	18
	植被覆盖度/%	23	14	18
	水土流失强度/[t/(km² · a)]	600	800	760
	水质达标率/%	100	100	100
	空气质量达标天数/d	365	365	365
第 20 标段	有效土层厚度/cm	55	20	24
	植被覆盖度/%	20	12	15
	水土流失强度/[t/(km² · a)]	600	800	770
	水质达标率/%	100	99	100
	空气质量达标天数/d	365	360	365
第 22 标段	有效土层厚度/cm	45	10	16
	植被覆盖度/%	13	8	11
	水土流失强度/[t/(km² · a)]	600	800	750
	水质达标率/%	100	98	100
	空气质量达标天数/d	349	365	365

4.2.2　生态健康评价结果

基于收集到的基础资料，运用层次分析法计算各指标权重，见表 4.6。

表 4.6　各指标权重值

指标层	权重
有效土层厚度	0.1902
植被覆盖度	0.2720
水土流失强度	0.2720
水质达标率	0.1329
空气质量达标天数	0.1329

在进行干扰区生态健康评价时，将评价等级划分为很健康、健康、亚健康、不健康和病态五个等级。通过各指标不同等级间的临界值来计算得出干扰区生态健康不同级别的临界值。

按照各指标评价标准值(表 4.1)的等级划分，将各等级的下界作为该评价等级的基点值，按照隶属度计算方法，计算隶属度矩阵。干扰区生态健康等级的划分见表 4.7。

表 4.7　基于模糊物元评价模型的干扰区生态健康等级划分

评价等级	很健康	健康	亚健康	不健康	病态
综合指数	0.87～1	0.70～0.87	0.48～0.70	0.25～0.48	0～0.25

根据收集到的典型标段干扰区生态评价指标值，结合已确定的各指标权重，通过建立模糊物元评价模型，计算各指标层的隶属度，得到干扰区生态健康综合指数，并按最大隶属度原则确定其健康等级。各标段干扰前后生态健康评价结果见表 4.8。

表 4.8　基于模糊物元评价模型的生态健康评价结果

标段	年份	综合指数	健康等级
第 1 标段(漠河市)	2014	0.8609	健康
	2015	0.6891	亚健康
	2016	0.7236	健康
第 7 标段(黑河市)	2014	0.7423	健康
	2015	0.5804	亚健康
	2016	0.6094	亚健康
第 13 标段(逊克县)	2014	0.7824	健康
	2015	0.6427	亚健康
	2016	0.6748	亚健康

续表

标段	年份	综合指数	健康等级
第 17 标段(嘉荫县、萝北县)	2014	0.7461	健康
	2015	0.5135	亚健康
	2016	0.5392	亚健康
第 20 标段(同江市)	2014	0.6483	亚健康
	2015	0.4644	不健康
	2016	0.4876	亚健康
第 22 标段(抚远市)	2014	0.5520	亚健康
	2015	0.4896	亚健康
	2016	0.5141	亚健康

4.3　干扰区生态受损程度分析

通过对比堤防建设前后干扰区生态健康综合评价值得到干扰区生态受损程度，计算公式为

$$D = \frac{K_{前} - K_{后}}{K_{前}} \times 100\% \qquad (4.26)$$

式中，D 为干扰区生态受损程度；$K_{前}$ 为堤防建设前干扰区生态健康综合评价值；$K_{后}$ 为堤防建设后干扰区生态健康综合评价值。

4.3.1　评价指标值变化分析

通过具体分析各典型标段堤防干扰区的不同生态健康评价指标值在 2014 年、2015 年和 2016 年的变化趋势来分析堤防建设干扰区的生态健康变化，结果如图 4.2～图 4.6 所示。

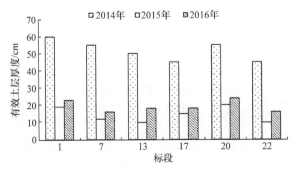

图 4.2　各典型标段干扰前后有效土层厚度变化

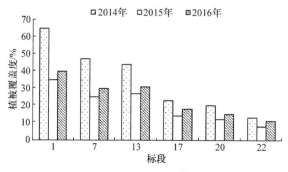

图 4.3　各典型标段干扰前后植被覆盖度变化

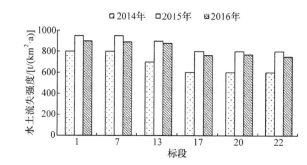

图 4.4　各典型标段干扰前后水土流失强度变化

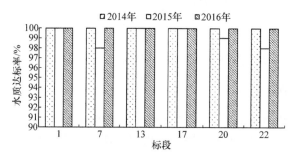

图 4.5　各典型标段干扰前后水质达标率变化

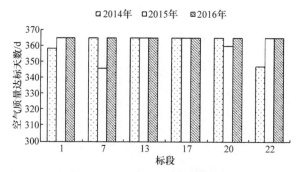

图 4.6　各典型标段干扰前后空气质量达标天数变化

总体看来，2014～2015 年，指标总体情况呈现负向变化的趋势；2015～2016 年，指标总体情况呈现正向变化的趋势。其中，植被覆盖度、水土流失强度、有效土层厚度的前后变化趋势是先恶化，后稍微改善；水质达标率和空气质量达标天数的变化较小，基本上全年达标。

4.3.2　模糊物元评价模型结果分析

利用模糊物元评价模型得到各典型标段干扰区生态健康评价结果如图 4.7 所示。

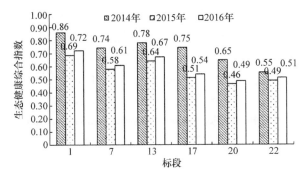

图 4.7　各典型标段干扰区生态健康评价结果

2014～2015 年各典型标段干扰区生态受损程度结果如图 4.8 所示。

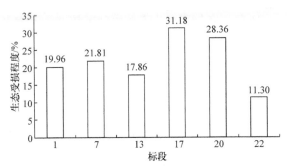

图 4.8　2014～2015 年各典型标段干扰区生态受损程度

根据模糊物元评价模型的结果可以发现，2014～2015 年受损最严重的两个标段为第 17 标段(嘉荫县、萝北县)和第 20 标段(同江市)，生态受损程度均在 30%左右。

2014～2015 年，第 1 标段的受损程度为 19.96%，第 7 标段受损程度为 21.81%，第 13 标段受损程度为 17.86%，第 17 标段(嘉荫县、萝北县)受损程度为 31.18%，第 20 标段(同江市)受损程度为 28.36%，第 22 标段生态健康状况受损程度为

11.30%。可以看出，在堤防建设过程中，第 17 标段、第 20 标段受到的干扰程度较大。2015～2016 年，各标段的生态健康状况大多有一定程度的恢复，各标段生态健康评价值上升的范围在 3%～6%不等。

4.4　本章小结

根据对堤防建设开工前后干扰区生态状况的调查结果，选取水、土、植被、空气质量等具有代表性的指标，构建了黑龙江干流堤防建设干扰区生态健康评价指标体系。考虑到生态健康的模糊特点，采用基于可拓数学的模糊物元分析方法，对干扰区的生态健康进行评价，再由干扰前后的生态健康评价值确定干扰区的生态受损程度。结果显示：

(1) 堤防建设前后，黑龙江干流堤防各典型标段的生态健康状况基本处于健康到亚健康两个等级之间，且整体变化趋势均为先变差后有稍微改善。其中，植被覆盖度、水土流失强度、有效土层厚度的变化趋势是先负向后正向。

(2) 2014～2015 年，6 个典型标段的生态健康状况总体呈现恶化趋势，其中2015 年生态健康状态最差，第 1 标段、第 7 标段、第 13 标段、第 17 标段等级均由"健康"等级下降为"亚健康"等级，第 20 标段等级由"亚健康"等级下降为"不健康"等级，平均受损程度约为 21.75%。第 22 标段生态受损程度最轻，为11.30%，仍为"亚健康"等级；第 17 标段和第 20 标段生态受损程度最严重，在30%左右。2015～2016 年，各标段的生态健康状况较上一年大多有一定程度的改善，各标段生态健康评价值均有小幅度的上升。

第5章　干扰区景观格局受损评价

黑龙江干流堤防工程建成后，耕地、林地、草地的景观优势度下降，对干扰区的景观格局造成影响。同时新建堤防改变了地表汇水格局，对景观连通性有一定影响。新建堤顶路、上堤坡道对景观连通性影响较小，但防汛专用路建设对景观连通性有不利影响。

从区域宏观尺度出发，利用景观生态学的观点，通过计算典型区堤防所在市（区、县）建设前后区域各景观类型面积特征、动态变化以及转换情况，分析区域生态系统的景观格局动态变化；提取堤防建设干扰区的景观格局指数，利用投影寻踪模型对景观生态状况进行评价，确定堤防建设对各类生态系统的破坏情况，为区域景观生态重建提供理论支持。景观格局动态分析流程如图5.1所示。

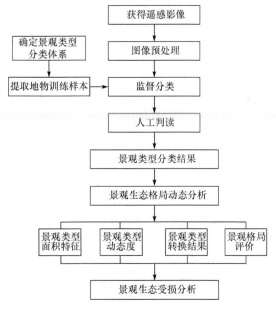

图 5.1　景观格局动态分析流程

5.1　遥感影像处理

5.1.1　景观生态分类

景观生态分类是通过土地空间形态相似相异性的识别进行土地分类的方法，

因此，在实际景观研究中，采用土地利用/土地覆盖分类系统来表述景观中不同的要素类型。

目前，国内外的土地利用分类系统主要有以下 3 种。

(1) 中科院土地利用/土地覆盖分类系统。

该分类系统采用三级分类体系(表 5.1)：一级根据土地的自然生态和利用属性分为耕地，林地，草地，水域，城乡、工矿和居民用地以及未利用土地 6 类；二级根据土地经营特点、利用方式和覆盖特点等分为 25 类；三级根据土地的自然属性特征，如地形、坡度等，将耕地分为山区、丘陵、平原和坡度大于 25°等类型。

(2) 国土资源部《土地利用现状分类》。

《土地利用现状分类》(GB/T 21010—2017)共分 12 个一级类，57 个二级类。其中，一级类包括耕地、园地、林地、草地、商服用地、工矿仓储用地、住宅用地、公共管理与公共服务用地、特殊用地、交通运输用地、水域及水利设施用地和其他用地。该分类将建设用地类型细化，进一步明确了土地利用转化基本方向，便于总结土地利用经验和存在问题，强化土地管理。该体系分类细化，需借助大量的地面踏查与勘测，可遥感性差。

表 5.1　全国土地利用分类体系

一级分类	二级分类	三级分类
耕地	水田	山区水田
		丘陵区水田
		平原区水田
		坡度大于 25°水田
	旱地	山区旱地
		丘陵区旱地
		平原区旱地
		坡度大于 25°旱地
林地	有林地	—
	灌木林地	
	疏林地	
	其他林地	
草地	高覆盖度草地	—
	中覆盖度草地	
	低覆盖度草地	

续表

一级分类	二级分类	三级分类
水域	河渠	—
	湖泊	
	水库、坑塘	
	冰川永久积雪	
	海涂	
	滩地	
城乡、工矿和居民用地	城镇	—
	农村居民点	
	工交建设用地	
未利用土地	沙地	—
	戈壁	
	盐碱地	
	沼泽地	
	裸土地	
	裸岩石砾地	
	其他未利用地	

(3) 生态环境部土地生态分类系统。

该土地分类体系以生态系统特征为基础，以生态系统外貌规律和遥感光谱差异为依据，将土地类型划分为三类：一级分类包括城镇及工矿用地、农田、森林(地)、灌木林(地)、人工种植林(地)、草地、人工种植草地、水体、湿地、裸地及其他难利用地；二级分类体现一级分类的内部构成，在一级类型的基础上划分出32个二级类型；三级分类利用地域特征和人为活动将土地类型进一步细化。生态环境部土地生态分类系统侧重不同土地利用类型的生态特征及功能，便于支持宏观的生态监测、恢复与管理，可遥感性强。

根据研究需要以及所获得的遥感影像光谱特征,参考以上土地利用分类系统,将黑龙江干流堤防建设干扰区景观类型分为六大类,分别为耕地、林地、草地、水域、建设用地和裸地,见表5.2。

表 5.2　典型区土地利用景观分类

分类	含义
耕地	指种植农作物的土地,包括水田和旱地;用来种菜的耕地以及种植农作物为主的农果、农桑、农林用地
林地	指以乔木、竹类、灌木为主要类型的林业用地,不包括居民点内部的绿化林木用地,铁路、公路征地范围内的林木用地
草地	指以草本植物为主、覆盖度在 5%以上的各类草地,包括灌丛草地和疏林草地
水域	指天然形成或人工开挖形成的水域及水利设施,包括河流、湖泊、坑塘水面、沟渠等
建设用地	指城乡居民点、独立居民点以及居民点以外的采石场、工矿、国防、名胜古迹等企事业单位用地,包括其内部交通、绿化用地
裸地	指目前尚未利用的土地,包括地表以沙子、碎石覆盖,植被覆盖度小于 5%的沙地、戈壁;难以利用的盐碱地、沼泽地;地表土质覆盖、植被覆盖度小于 5%的裸土地;岩石或石砾覆盖地表面积大于 50%的裸岩石砾地;其他未利用土地,包括高寒荒漠、苔原等

5.1.2　遥感信息提取

黑龙江干流堤防建设工程已于 2015 年 5 月开工,干扰区的生态环境已经发生变化,通过资料分析、实地考察已经不能完整反映出破坏前的生态环境状况。因此,采用遥感(remote sensing,RS)技术,应用相关的分析方法,对堤防建设前的生态环境状况进行分析,从而弥补统计资料上的不足。此外,由于堤防建设工程正在施工,对干扰区生态环境的影响是连续的,通过遥感技术对干扰区生态状况进行监测、模拟、预测,能够更准确地实时对堤防建设干扰区的生态状况进行分析,确定黑龙江干流堤防建设前后干扰区的生态状况。

1. 数据来源

遥感数据是进行遥感影像分析的基础,在预备处理遥感图像以前,需要选取合适的遥感数据来源,以便对黑龙江干流堤防修建干扰区附近的植被变化和景观类型进行分析。不同的数据源适合不同的监测目标,选取合适的遥感影像数据源是变化检测的基础,获取数据时应根据应用需求、监测目标及预期结果选取合适的遥感影像及辅助数据。

数据源的选取需要综合考虑两方面的因素:实际需求和数据源的特点。

实际需求:首先必须明确堤防建设工程的目标与主要内容,了解工程待解决的问题、研究区域、研究对象、预期结果及变化检测结果的应用部门等。另外,为节约成本及合理利用现有数据资料,还需分析研究区域现有数据的精度及可用性。

数据源的特点:这里讨论的数据源主要是遥感影像。合理有效地选择遥感影像是多时相遥感影像变化检测研究的前提和基础,从遥感数据本身来看,不同的卫星数据源具有不同的时间分辨率、空间分辨率、波谱分辨率和辐射分辨率,且数据获取过程还会受到众多因素的干扰,如传感器本身的性能、大气、天气状况、太阳光照、地物自身的变化、季节的变化等因素,选择数据时必须考虑这些因素对后续工作带来的影响。从地表覆盖物来看,不同的自然地物目标都有其自身的特点及运动轨迹或变化规律,但人类的活动将这些变化变得复杂,且地表不同地类都有其最适宜的空间分辨率或尺度。

鉴于上述因素的考虑及学者的研究成果,遥感影像的选择应考虑以下因素。

(1) 针对变化检测对象自身的特点(如大小、空间关系、随时间的变化等)选择合适的遥感影像。

(2) 多时相遥感影像的选择应尽量在同一时刻或相近时刻,以减小太阳高度角及植物物候条件差异等造成的影响。

(3) 根据检测对象和背景环境的辐射特点,选择检测对象和背景方差最大时期的影像,提高变化检测精度。

(4) 尽可能选择具有相同辐射分辨率的遥感影像。

(5) 考虑其他因素(如大气状况、土壤湿度状况、物候特征等)对遥感影像造成的影响。

综合考虑以上因素,研究采用的基础数据是由中国科学院遥感与数字地球研究所网站免费提供的 Landsat-8 TM 遥感影像。

2013 年 2 月 11 日,美国航空航天局(National Aeronautics and Space Administration,NASA)成功发射 Landsat-8 卫星。Landsat-8 卫星上携带两个传感器,分别是陆地成像仪(operational land imager, OLI)和热红外传感器(thermal infrared sensor,TIRS)。Landsat-8 在空间分辨率和光谱特性等方面与 Landsat-7 基本保持一致,Landsat-8 卫星一共有 11 个波段,波段 1~7、波段 9~11 的空间分辨率为 30m,波段 8 为 15m 分辨率的全色波段,卫星每 16 天可以实现一次全球覆盖。

陆地成像仪有 9 个波段,成像宽幅为 185km×185km。与 Landsat-7 卫星上的增强型专题绘图仪(enhanced thematic mapper,ETM+)传感器相比,陆地成像仪包括 ETM+传感器的所有波段,并做了以下调整:① Band 5 的波段范围调整为0.845~0.885μm,排除了 0.825μm 处水汽吸收的影响;② Band 8 全色波段范围较窄,从而可以更好地区分植被和非植被区域;③ 新增两个波段:Band 1 蓝色波段 (0.433~0.453μm)主要应用于海岸带观测,Band 9 短波红外波段(1.360~1.390μm)包括水汽强吸收特征,可应用于云检测。近红外 Band 5 和短波红外 Band 9 与中分辨率成像光谱仪(moderate-resolution imaging spectroradiometer,MODIS)对应的波段接近[49-52]。

表 5.3　陆地成像仪波段合成

波段组合形式	主要用途
第 4、3、2 波段 Red、Green、Blue	真彩色图像合成，接近地物真实色彩
第 7、6、4 波段 SWIR2、SWIR1、Red	假彩色合成，用于城市监测
第 5、4、3 波段 NIR、Red、Green	标准假彩色合成，用于植被监测
第 6、5、2 波段 SWIR1、NIR、Blue	假彩色合成，用于植被分类与农作物监测
第 7、6、5 波段 SWIR2、SWIR1、NIR	用于大气渗透层
第 5、6、2 波段 NIR、SWIR1、Blue	用于健康植被识别
第 5、6、4 波段 NIR、SWIR1、Red	假彩色合成，用于区分陆地和水体
第 7、5、3 波段 SWIR2、NIR、Green	用于移除大气影响的自然表面
第 7、5、4 波段 SWIR2、NIR、Red	用于短波红外探测，对岩石、土壤、植被的分辨能力较好
第 6、5、4 波段 SWIR1、NIR、Red	用于植被分析

注：Red 表示红色波段；Green 表示绿色波段；Blue 表示蓝色波段；SWIR 表示短波红外波段(short-infrared)；NIR 表示近红外波段(near infrared)。

本章研究选取 28 幅遥感影像图，涉及黑龙江干流沿岸的 12 个市(区、县)，基本上覆盖了堤防干扰区的范围。为尽可能减小季节对研究结果的影响，选择拍摄时间在 6～9 月植被生长旺盛时期的遥感影像，此时研究区的植被生长状况具有一定的代表性，不同年份的植被状况具有可比性。但遥感影像拍摄时间(6～9 月)与黑龙江干流堤防建设工程开工时间(5 月)相近，堤防工程建设生态响应的滞后性导致遥感影像拍摄时还不能充分反映干扰影响，因此取 2015 年遥感影像作为干扰前、2016 年的遥感影像作为干扰后的景观信息进行研究。所以选取影像的时间为 2015～2016 年中 6 月、7 月和 8 月共六个时期的影像，分辨率为 30m，地图投影为 WGS84 坐标投影。所选遥感影像质量良好，图像清晰，基本无云、雾的影响。

2. 遥感影像预处理

遥感系统空间分辨率、波谱分辨率、时间分辨率以及辐射分辨率的限制，很难精确地记录复杂地表的信息，因此在数据获取过程中不可避免地存在误差，这些误差降低了遥感数据的质量，从而影响图像分析的精度。故在实际的图像分类和分析之前，有必要对遥感原始图像进行预处理。其过程主要包括辐射校正、几何校正、影像融合、图像增强处理、影像镶嵌、影像裁剪等方面。

1) 辐射校正

由于传感器本身、地形影响、光照条件、大气的散射和吸收等引起光谱亮度的失真，利用传感器观测地物辐射或反射的电磁能量时，从传感器得到的测量值与目标物的光谱反射率或光谱辐射亮度是不一致的。为了正确评价地物的反射特征及辐射特征，必须尽量消除这些因素的影响，这种消除图像数据中存在的各种失真的过程称为辐射校正(radiometric correction)。

辐射校正分为绝对辐射校正和相对辐射校正，绝对辐射校正一般包括影像的辐射校正(辐射定标等)、太阳高度角和地形影响引起的辐射误差校正及大气校正。其中，大气校正是消除大气和光照等因素对地物反射造成的影响获取地物反射率、辐射率、地表温度等真实物理模型参数的过程，主要消除大气中氧气、二氧化碳、水蒸气、臭氧和甲烷对地面物体反射的影响；消除大气分子和气溶胶散射的影响。大多数情况下，大气校正同时也是反演地物真实反射率的过程，其是辐射校正的重要步骤。

对研究区 ETM+影像大气校正，采用遥感图像处理平台(the environment for visualizing images，ENVI)大气校正模块 FLAASH(fast line-of-sight atmospheric analysis of spectral hypercube)校正工具，对影像进行大气校正等前期处理。FLAASH 采用 MODTRAN 4+辐射传输模型，是目前精度最高的大气辐射校正模型，可以有效地去除水蒸气/气溶胶散射效应，校正目标像元和邻近像元交叉辐射的邻近效应，调整由人为抑制而导致的波谱平滑，有效消除大气和光照等因素对地物反射的影响，获得地物较准确的反射率、辐射率、地表温度等真实物理模型参数。在主菜单中，选择 Spectral→FLAASH，打开 FLAASH 功能，将相关参数填入即可。

2) 几何校正

几何校正(geometric correction)就是校正成像过程中造成的各种几何畸变，包括几何粗校正和几何精校正。几何粗校正是针对引起畸变的系统原因和非系统原因而进行的校正，所得到的卫星遥感数据一般都是经过几何粗校正处理的。几何精校正是利用地面控制点进行的几何校正，是用数学模型近似描述遥感图像几何畸变的过程，并利用畸变的遥感图像和标准图像之间的对应点，也就是地面平面控制点数据对求得这个几何畸变模型，然后利用此模型进行几何畸变的校正。Landsat-8 数据和其他专题测绘(thematic mapper，TM)数据类似，发布的 L1T 级别遥感数据已经经过几何校正，一般情况下可以直接使用而不需要做其他处理。

3) 影像融合

在遥感应用中，有时会要求影像同时具有高空间分辨率和高光谱分辨率。然而，由于技术条件的限制，仪器很难提供这样的数据。解决这个问题的关键就是采用影像融合(image fusion)技术。影像融合是一个对多遥感器的影像数据和其他相关信息处理的过程。它着重于把那些在空间或时间上冗余或互补的多源数据信息，按一定的数学规则或算法进行处理，获得比任何单一数据更精确、更丰富的信息，生成一幅具有新的空间特征、波谱特征、时间特征的合成影像。它不仅是数据间的简单叠加，而是更加强调数据信息的优化组合，以突出有用的专题信息，抑制甚至消除无用的信息，常见的融合方法包括强度、色调、饱和度(intensity，hue，saturation，IHS)变换、色彩标准变换(Brovey 变换)、乘积运算(color normalized，CN)、主成分分析(principal component analysis，PCA)、格拉姆-施密特锐化(Gram-Schmidt pan sharpening，GS)等，见表5.4。

分辨率融合是针对不同空间分辨率的遥感影像的融合处理，将低分辨率的多光谱影像与高分辨率的单波段影像重采样生成一幅高分辨率多光谱影像遥感的图像处理技术，使得处理后的影像既有较高的空间分辨率，又具有多光谱特征，从而达到增强图像效果的目的。本章通过融合技术将多光谱影像的分辨率从 30m 增强为 15m。

影像融合除要求融合图像精确配准外，融合方法的选择也非常重要，同样的融合方法用在不同影像中，得到的结果往往会不一样。

表 5.4 影像融合方法及适用范围

融合方法	适用范围
IHS 变换	纹理改善，空间保持较好。光谱信息损失较大，受波段限制
Brovey 变换	光谱信息保持较好，受波段限制
乘积运算	对大的地貌类型效果好，同时可用于多光谱与高光谱的融合
PCA	无波段限制，光谱保持好。第一主成分信息高度集中，色调发生较大变化
GS	改进了 PCA 变换中信息过分集中的问题，不受波段限制，较好地保持了空间纹理信息，尤其能高保真保持光谱特征

其中，GS 融合方法专为最新高空间分辨率影像设计，能较好地保持影像的纹理和光谱信息。它是通过统计分析方法对参与融合的各波段进行最佳匹配，避免了传统融合方法某些波段信息过度集中和新型高空间分辨率全色波段波长范围扩展所带来的光谱响应范围不一致的问题。这种方法可以满足绝大部分图像的融合。

　　启动 ENVI 软件，选择 File→Open，选择_MTL.txt 文件打开；工具箱中，双击 Image Sharpening→Gram-Schmidt Pan Sharpening；对话框中先选择多光谱数据文件，单击 OK，再选择全色数据文件，单击 OK；在 Pan Sharpening Parameters 参数面板，选择传感器类型为 Unknown，重采样方法选择 Cubic Convolution，设置输出路径和文件名即可。

　　4) 图像增强处理

　　为使图像特征得以加强，并使图像变得清晰，易于识别，提高影像的可解译程度，提高信息分类精度，对融合后的图像进行线性拉伸、灰度变换等增强处理。它通过线性拉伸方程把原图像较窄的亮度范围拉伸到全辐射亮度级 0～255 范围，扩大图像的亮度范围，提高图像的对比度和清晰度，突出图像细节部分，有利于各种景观类型的判读[53]。

　　5) 影像镶嵌

　　当研究区域超出一幅影像所覆盖的范围时，往往需要将两幅或多幅影像拼接起来组成一幅或是一系列覆盖整个区域的较大图像，这个过程称为影像镶嵌。在进行遥感图像镶嵌时，首先要指定一幅参考图像，作为镶嵌过程中对比度匹配以及镶嵌后输出图像的地理投影、像元大小、数据类型的基准。为了便于遥感图像的镶嵌，一般要保证相邻图像之间有一定的重叠覆盖区域。ENVI 5.1 版本提供了全新的影像无缝镶嵌工具 Seamless Mosaic，所有功能集成在一个流程化的界面，可以完成以下操作：控制图层的叠放顺序；设置忽略值、显示或隐藏图层或轮廓线、重新计算有效的轮廓线、选择重采样方法和输出范围、可指定输出波段和背景值；进行颜色校正、羽化/调和；提供高级的自动生成接边线功能，也可手动编辑接边线；提供镶嵌结果的预览。在 Toolbox 中启动/Mosaicking/Seamless Mosaic，添加需要镶嵌的影像数据；勾选 Show Preview，可以预览镶嵌效果；在 Data Ignore Value 一栏输入透明值，这里输入 0；在 Color Correction 选项中，勾选 Histogram Matching；在 Main 选项中，Color Matching Action 中右键设置参考(reference)和校正(adjust)，根据预览效果确定参考图像；切换到 Export 选项，输入输出文件名、路径、格式、波段、背景值、重采样方法等信息。

　　6) 影像裁剪

　　实际工作中，经常会遇到一幅覆盖较大范围的图像，而需要的数据只覆盖其中一部分，为了节约磁盘空间，缩短数据处理时间，常需要按一定的要求进行分幅裁剪(subset)。在 ENVI 中将其分为两种类型：规则分幅裁剪(rectangle subset)和不规则分幅裁剪(pdygon subset)。规则分幅裁剪是指裁剪图像的边界范围是一个矩形，这个矩形范围获取途径包括图像的行列号、左上角和右下角两点的坐标、图像文件等；不规则分幅裁剪是指裁剪图像的边界范围是一个任意多边形[54]。

3. 遥感信息提取

目前，遥感影像都是数字图像，根据传感器的发展，影像信息提取方法也有一个发展历程，这些方法都是共存的。最早的影像信息提取方法是人工目视解译，后来发展起来的基于计算机自动分类的方法有面向像素的、面向光谱的等。根据分类方法的类型不同可分为以下几种信息提取种类：人工目视解译、基于光谱计算机自动分类、基于专家知识的决策树分类、面向对象特征自动提取、地物识别与地表定量反演、变化监测、地形信息提取。

每一种方法都有各自的适用范围：人工目视解译适合于定性信息的提取，也就是在图像上通过肉眼能分辨的信息提取；基于光谱计算机自动分类，对于中低分辨率的多光谱影像效果明显(小于10m)；基于专家知识的决策树分类需要多源数据支持；面向对象特征自动提取是随着高分辨率影像的出现而发展起来的方法；地物识别与地表定量反演需要模型的支持；变化监测需要多时相影像支持；地形信息提取需要立体像对的支持。

基于光谱的影像分类可分为监督分类与非监督分类，这种分类方法适合于中低分辨率的数据。本书采用监督分类方法对干扰区遥感影像进行地物信息提取。监督分类又称为训练分类法，是用被确认类别的样本像元来识别其他未知类别像元的过程。它就是在分类之前通过目视判读和野外调查，对遥感图像上某些样区中影像地物的类别属性有了先验知识，对每一种类别选取一定数量的训练样本，计算机计算每种训练样区的统计或其他信息，同时用这些种子类别对判决函数进行训练，使其符合对各种子类别分类的要求，随后用训练好的判决函数对其他待分数据进行分类。将每个像元和训练样本进行比较，按不同的规则将其划分到和其最相似的样本类，从而完成对整个图像的分类。

遥感影像的监督分类一般包括以下6个步骤。

1) 类别定义/特征判别

根据分类目的、影像数据自身的特征和分类区收集的信息确定分类系统；对影像进行特征判断，评价图像质量，决定是否需要进行影像增强等预处理。这个过程主要是一个目视查看的过程，为后面样本的选择奠定基础。

根据研究需要以及遥感影像光谱特征，参考最新颁布的《土地利用现状分类》(GB/T 21010—2017)，将干扰区景观类型分为六大类，分别为耕地、林地、草地、水域、建设用地和裸地。

2) 样本选择

为了建立分类函数，需要对每一类别选取一定数目的样本，在 ENVI 中是通过感兴趣区域(region of interest, ROI)来确定的，也可以将矢量文件转化为 ROI 文件来获得，或者利用终端像元收集器(endmember collection)获得。

本例中使用 ROI 方法，打开分类图像，选择 Display→Overlay→Region of Interest，默认 ROI 为多边形，按照默认设置在影像上定义训练样本。设置好颜色和类别名称(支持中文名称)。

在 ROI 面板中，选择 Option→Compute ROI Separability，计算样本的可分离性。各个样本类型之间的可分离性用 Jeffries-Matusita、Transformed Divergence 参数表示。这两个参数的值为 0～2.0，参数值大于 1.9 说明样本之间可分离性好，属于合格样本；参数值小于 1.8，需要重新选择样本；参数值小于 1，考虑将两类样本合成一类样本。

3) 分类器选择

根据分类的复杂度和精度需求等选择分类器。目前监督分类可分为：基于传统统计分析学的包括平行六面体(parallelepiped)、最小距离(minimum distance)、马氏距离(Mahalanobis distance)、最大似然(maximum likelihood)；基于神经网络(neural net)和基于模式识别的包括支持向量机(support vector machine, SVM)、模糊分类等；基于高光谱的包括光谱角制图(spectral angle mapper，SAM)、光谱信息散度、二进制编码等。

表 5.5　监督分类的分类器

分类器	说明
平行六面体	根据训练样本的亮度形成一个 n 维的平行六面体数据空间，其他像元的光谱值如果落在平行六面体任何一个训练样本所对应的区域，就被划分到其对应的类别中。平行六面体的尺度是由标准差阈值所确定的，而该标准差值则根据所选类的均值求出
最小距离	利用训练样本数据计算出每一类的均值向量和标准差向量，然后以均值向量作为该类在特征空间中的中心位置，计算输入图像中每个像元到各类中心的距离，到哪一类中心的距离最小，该像元就归入哪一类
马氏距离	计算输入图像到各训练样本的马氏距离(一种有效的计算两个未知样本集相似度的方法)，最终统计马氏距离最小的，即为此类别
最大似然	假设每一个波段的每一类统计都呈正态分布，计算给定像元属于某一训练样本的似然度，像元最终被归并到似然度最大的一类当中
神经网络	指用计算机模拟人脑的结构，用许多小的处理单元模拟生物的神经元，用算法实现人脑的识别、记忆、思考过程，应用于图像分类
支持向量机	支持向量机分类是一种建立在统计学习理论(statistical learning theory, SLT)基础上的机器学习方法。支持向量机分类可以自动寻找那些对分类有较大区分能力的支持向量，由此构造出分类器，可以将类与类之间的间隔最大化，因而有较好的推广性和较高的分类准确率
光谱角制图	它是在 N 维空间将像元与参照波谱进行匹配，通过计算波谱间的相似度，之后对波谱之间相似度进行角度的对比，较小的角度表示更大的相似度

4) 影像分类

基于传统统计分析的分类方法参数设置比较简单，这里选择神经网络分类方法。主菜单下选择 Classification→Supervised→Neural Network Classification。按照默认设置参数输出分类结果。

5) 分类后处理

分类后处理包括更改类别颜色、分类统计分析、小图斑处理(类后处理)、栅矢转换等操作，上述处理都是可选项。

(1) 更改类别颜色。

可以在 Interactive Class Tool 面板中，选择 Option→Edit Class Colors/Names 更改，也可以在 Display→Color Mapping→Class Color Mapping，直接在对应的类别中修改颜色。

打开主菜单 Classification→Post Classification→Assign Class Colors，还可以根据一个显示的 RGB 影像来自动分配类别颜色。

(2) 分类统计分析。

主菜单下选择 Classification→Post Classification→Class Statistics。分类统计分析包括以下基本统计：类别的像元数、最大值、最小值、平均值、直方图、协方差等信息。

分类统计(class statistics)可以基于分类结果计算源分类图像的统计信息。基本统计包括：类别中的像元数、最小值、最大值、平均值以及每个波段的标准差等。可以绘制每一类对应源分类图像像元值的最小值、最大值、平均值以及标准差，还可以记录每一类的直方图，以及计算协方差矩阵、相关矩阵、特征值和特征向量，并显示所有分类的总结记录。

具体操作方式如下：首先打开分类结果和原始影像，"\分类后处理\数据_class.dat"和"_.dat"；再打开分类统计工具，路径为 Toolbox/Classification/Post Classification/Class Statistics，在弹出对话框中选择"_class.dat"，单击 OK；在 Statistics Input File 面板中,选择原始影像"_.dat",单击 OK;在弹出的 Class Selection 面板中，单击 Select All Items，统计所有分类的信息，单击 OK，也可以根据需要只选择分类列表中的一个或多个类别进行统计；最后可以在 Compute Statistics Parameters 面板中设置统计信息，按照图中参数进行设置，单击 Report Precision 按钮以设置输入精度，按默认即可，单击 OK；从 Select Plot 下拉命令中选择图形绘制的对象，如基本统计信息、直方图等。从 Stats for 标签中选择分类结果中类别，在列表中显示类别对应输入图像文件像元值(DN 值)统计信息，如协方差、相关系数、特征向量等信息。在列表中的第一段显示的是分类结果中各个类别的像元数、百分比等统计信息。

(3) 小图斑处理(类后处理)。

运用遥感影像进行分类的结果中不可避免地会产生一些面积很小的图斑。无论从专题制图的角度，还是实际应用的角度，都有必要对这些小图斑进行剔除和重新分类，目前常用的方法有 Majority/Minority 分析、聚类(clump)和过滤(sieve)。这些工具都可以在主菜单→Classification→Post Classification 中找到。Majority/Minority

分析和聚类是将周围的小图斑合并到大类中,过滤是将不符合的小图斑直接剔除。

Majority/Minority 分析采用类似于卷积滤波的方法将较大类别中的虚假像元归到该类中,定义一个变换核尺寸,主要分析用变换核中占主要地位(像元数最多)的像元类别代替中心像元的类别。如果使用次要分析,将用变换核中占次要地位的像元的类别代替中心像元的类别。

聚类处理是运用数学形态学算子(腐蚀和膨胀),将邻近的类似分类区域聚类并进行合并。分类图像经常缺少空间连续性(分类区域中存在斑点或洞)。低通滤波虽然可以用来平滑这些图像,但是类别信息常会被邻近类别的编码干扰,聚类处理解决了这个问题。首先将被选的分类用一个膨胀操作合并到一起,然后用变换核对分类图像进行腐蚀操作。

过滤处理用来解决分类图像中出现的孤岛问题。过滤处理使用斑点分组方法来消除这些被隔离的分类像元。类别筛选方法通过分析周围的 4 个或 8 个像元,判定一个像元是否与周围的像元同组。如果一类中被分析的像元数少于输入的阈值,这些像元就会从该类中被删除,删除的像元归为未分类的像元。

(4) 栅矢转换。

主菜单下选择 Classification→Post Classification→Classification to Vector,可以将分类后得到的结果转化为矢量格式,或者主菜单下选择 Vector→Raster to Vector,在选择输出参数时,可以选择特定的类别,也可以把类别单独输出为一个矢量文件。

6) 结果精度验证。

对分类结果进行评价,确定分类的精度和可靠性。有两种方式用于精度验证:一是混淆矩阵;二是观测者操作特性(receiver operating characteristic,ROC)曲线,比较常用的是混淆矩阵,ROC 曲线可以用图形的方式表达分类精度,比较形象。

真实参考源可以使用两种方式:一是标准的分类图;二是选择的感兴趣区(验证样本区)。两种方式的选择可以通过主菜单→Classification→Post Classification→Confusion Matrix 或 ROC Curves 来实现。

真实的感兴趣区参考源可以在高分辨率影像上进行选择,也可以通过野外实地调查获取,原则是获取的类别参考源的真实性。由于没有更高分辨率的数据源,本例中就把原分类的 TM 影像当作高分辨率影像,在上面进行目视解译,从而得到真实参考源。直接利用 ROI 工具,在 TM 图上均匀地选择 6 类真实参考源。

主菜单下选择 Classification→Post Classification→Confusion Matrix→Using Ground Truth ROI。将分类结果和 ROI 输入,软件会根据区域自动匹配,若不正确可以手动更改。单击 OK 后选择报表的表示方法(像素和百分比),就可以得到精度报表[55,56]。

5.2　景观格局动态分析

　　景观格局即景观结构或景观的空间结构特征，主要是指景观要素的组成、类型、大小、形状、数量、物质和能量等的分布与配置，也就是景观要素间的空间相互关系。景观动态则是指各组分在时空上结构与功能的变化，有明显的尺度效应。为了丰富研究尺度，从宏观和微观两个角度分析堤防工程建设前后当地景观格局的变化，本节分别以黑龙江干流堤防建设工程典型标段所在市(县)、典型干扰区为研究单元对景观格局进行分析。

　　遥感动态检测就是从不同时期的遥感数据中，定量地分析和确定地表变化的特征与过程。它涉及变化的类型、分布状况与变化量，即需要确定变化前后的地面类型、界线及变化趋势，能提供地物的空间分布及其变化的定性和定量信息。目前，遥感变化检测技术大多是针对两个时相的遥感影像进行操作。根据处理过程，遥感变化检测方法可分为三类[57]。

　　1) 图像直接比较法

　　图像直接比较法是最常见的方法，它是对经过配准的两时相遥感影像中的像元值直接进行运算和变换处理，找出变化的区域。目前常用的光谱数据直接比较法包括图像差值法、图像比值法、植被指数比较法、主成分分析法、光谱特征变异法、假彩色合成法、波段替换法、变化矢量分析法、波段交叉相关分析及混合检测法等。

　　2) 分类后结果比较法

　　分类后结果比较法是将经过配准的两时相遥感影像分别进行分类，然后比较分类结果得到变化检测信息。虽然该方法的精度依赖于分类时的精度和分类标准的一致性，但在实际应用中仍然非常有效。

　　3) 直接分类法

　　直接分类法结合了图像直接比较法和分类后结果比较法的思想，常见的方法有：多时相主成分分析后分类法、多时相组合后分类法等。

　　本章采用分类后结果比较法，通过比较两时相遥感影像分类结果，获得土地利用变化类型、面积、百分比等。分类后结果比较法的操作具体步骤如下。

　　(1) 打开两时相的分类结果图。

　　(2) 在 Toolbox 中，打开 Change Detection/Change Detection Statistics，选择前时相分类图(initial state)和后时相分类图(final state)。

　　(3) 在 Define Equivalent Class 面板中，如果两时相分类图命名规则一致，则会自动将两时相上的类别关联；否则需要在 Initial State Class 和 Final State Class

列表中手动选择相对应的类别，单击 OK 按钮。

(4) 在结果输出面板中，选择统计类型：像素(pixels)、百分比(percent)和面积(area)，选择路径输出结果。

5.2.1　干扰区所在市(县)景观格局分析

1. 景观的土地利用类型面积特征分析

土地利用是指人类有目的地开发利用土地资源的一切活动，对于土地利用变化的分析是希望通过某段时间序列在相同空间范围内对于特定类型或特定区域的土地使用情况变化进行分析，从而判断该区域或该类型土地变化的规律，分析人类生产生活和生活环境的变化对土地利用的影响。

本节根据国家分类标准，结合黑龙江干流堤防建设工程干扰区实际情况，将典型区景观的土地利用类型分为六大类，分别为耕地、林地、草地、水域、建设用地和裸地。

1) 漠河市

运用 ENVI 和 ArcGIS 处理漠河市堤防建设前后的遥感影像得到第 1 标段的土地利用类型百分比见表 5.6。漠河市的耕地非常稀少，故忽略不计。

表 5.6　2015 年和 2016 年漠河市土地利用类型百分比　　(单位：%)

土地利用类型	2015 年	2016 年
建设用地	1.18	1.39
林地	68.52	68.18
草地	25.06	24.83
裸地	4.47	4.75
水域	0.77	0.85

使用 ENVI 5.1 的分类统计功能对各景观的土地利用类型进行统计分析处理，可知 2015 年、2016 年漠河市的土地利用状况，2015 年建设用地占 1.18%，林地占 68.52%，草地占 25.06%，裸地占 4.47%，水域占 0.77%；2016 年建设用地占 1.39%，林地占 68.18%，草地占 24.83%，裸地占 4.75%，水域占 0.85%。

2) 黑河市

运用 ENVI 和 ArcGIS 处理黑河市堤防建设前后的遥感影像得到第 7 标段的土地利用类型百分比见表 5.7。

表 5.7　2015 年和 2016 年黑河市土地利用类型百分比　　　（单位：%）

土地利用类型	2015 年	2016 年
耕地	10.71	10.56
建设用地	3.03	4.23
林地	60.44	59.23
草地	23.66	23.15
裸地	1.51	2.07
水域	0.65	0.76

使用 ENVI 5.1 的分类统计功能对各景观的土地利用类型进行统计分析处理，可知 2015 年、2016 年黑河市的土地利用状况，2015 年耕地占 10.71%，建设用地占 3.03%，林地占 60.44%，草地占 23.66%，裸地占 1.51%，水域占 0.65%；2016 年耕地 10.56%，建设用地占 4.23%，林地占 59.23%，草地占 23.15%，裸地占 2.07%，水域占 0.76%。

3）逊克县

运用 ENVI 和 ArcGIS 处理逊克县堤防建设前后的遥感影像得到第 13 标段的土地利用类型百分比见表 5.8。

表 5.8　2015 年和 2016 年逊克县土地利用类型百分比　　　（单位：%）

土地利用类型	2015 年	2016 年
耕地	16.00	16.04
建设用地	0.63	0.74
林地	51.17	50.79
草地	30.79	30.91
裸地	0.44	0.50
水域	0.97	1.02

使用 ENVI 5.1 分类统计功能对各景观的土地利用类型进行统计分析处理，可知 2015 年、2016 年逊克县的土地利用状况，2015 年耕地占 16.00%，建设用地占 0.63%，林地占 51.17%，草地占 30.79%，裸地占 0.44%，水域占 0.97%；2016 年耕地占 16.04%，建设用地占 0.74%，林地占 50.79%，草地占 30.91%，裸地占 0.50%，水域占 1.02%。

4）萝北县

运用 ENVI 和 ArcGIS 处理萝北县堤防建设前后的遥感影像得到第 17 标段(萝北县)的土地利用类型百分比见表 5.9。萝北县的裸地较少，故不予统计。

表 5.9　2015 年和 2016 年萝北县土地利用类型百分比　　（单位：%）

土地利用类型	2015 年	2016 年
耕地	49.59	49.49
建设用地	3.16	3.70
林地	35.94	34.81
草地	9.83	10.52
水域	1.48	1.48

使用 ENVI 5.1 分类统计功能对各景观的土地利用类型进行统计分析处理，可知 2015 年、2016 年萝北县的土地利用状况，2015 年耕地占 49.59%，建设用地占 3.16%，林地占 35.94%，草地占 9.83%，水域占 1.48%；2016 年耕地占 49.49%，建设用地占 3.70%，林地占 34.81%，草地占 10.52%，水域占 1.48%。

5) 嘉荫县

运用 ENVI 和 ArcGIS 处理嘉荫县堤防建设前后的遥感影像得到第 17 标段(嘉荫县)的土地利用类型百分比见表 5.10。

表 5.10　2015 年和 2016 年嘉荫县土地利用类型百分比　　（单位：%）

土地利用类型	2015 年	2016 年
耕地	16.75	16.06
建设用地	1.50	2.19
林地	71.30	70.22
草地	8.14	8.89
裸地	0.13	0.20
水域	2.18	2.44

使用 ENVI 5.1 分类统计功能对各景观的土地利用类型进行统计分析处理，可知 2015 年、2016 年嘉荫县的土地利用状况，2015 年耕地占 16.75%，建设用地占 1.50%，林地占 71.30%，草地占 8.14%，裸地占 0.13%，水域占 2.18%；2016 年耕地占 16.06%，建设用地占 2.19%，林地占 70.22%，草地占 8.89%，裸地占 0.20%，水域占 2.44%。

6) 同江市

运用 ENVI 和 ArcGIS 处理同江市堤防建设前后的遥感影像得到第 20 标段的土地利用类型百分比见表 5.11。

表 5.11　2015 年和 2016 年同江市土地利用类型百分比　　（单位：%）

土地利用类型	2015 年	2016 年
耕地	78.55	76.27
建设用地	4.73	6.74
林地	9.65	9.92
草地	2.97	2.92
裸地	0.15	0.21
水域	3.95	3.94

使用 ENVI 5.1 分类统计功能对各景观的土地利用类型进行统计分析处理，可知 2015 年、2016 年同江市的土地利用状况，2015 年耕地占 78.55%，建设用地占 4.73%，林地占 9.65%，草地占 2.97%，裸地占 0.15%，水域占 3.95%；2016 年耕地占 76.27%，建设用地占 6.74%，林地占 9.92%，草地占 2.92%，裸地占 0.21%，水域占 3.94%。

7）抚远市

运用 ENVI 和 ArcGIS 处理抚远市堤防建设前后的遥感影像得到第 22 标段的土地利用类型百分比见表 5.12。

表 5.12　2015 年和 2016 年抚远市土地利用类型百分比　　（单位：%）

土地利用类型	2015 年	2016 年
耕地	68.01	67.99
建设用地	5.44	5.59
林地	12.94	12.78
草地	8.97	8.89
裸地	0.32	0.34
水域	4.32	4.41

使用 ENVI 5.1 分类统计功能对各景观的土地利用类型进行统计分析处理，可知 2015 年、2016 年抚远市的土地利用状况，2015 年耕地占 68.01%，建设用地占 5.44%，林地占 12.94%，草地占 8.97%，裸地占 0.32%，水域占 4.32%；2016 年耕地占 67.99%，建设用地占 5.59%，林地占 12.78%，草地占 8.89%，裸地占 0.34%，水域占 4.41%。

2. 土地利用类型动态度计算

土地利用类型动态度是研究一定时间范围内某种土地利用类型数量变化速率的指标，对于土地利用变化的区域差异对比以及变化趋势预测都具有参考价值，其计算公式如下：

$$K = \frac{U_b - U_a}{U_a} \times \frac{1}{T} \times 100\% \tag{5.1}$$

式中，K 为一定时间范围内某一土地利用类型动态度；U_a 和 U_b 分别为起止时间某一土地利用类型数量；T 为研究时长。

1) 漠河市

表 5.13 为漠河市土地利用类型动态度计算结果。为了直观地看到漠河市各土地利用类型的变化情况，图 5.2 给出了 2015 年和 2016 年漠河市土地利用类型面积柱状图。

表 5.13　漠河市土地利用类型动态度计算结果

土地利用类型	2015 年面积 /km²	2016 年面积 /km²	面积变化 /km²	土地利用类型动态度/%
建设用地	218.06	257.43	39.37	18.05
林地	12662.31	12597.65	− 64.66	− 0.51
草地	4631.02	4588.72	− 42.30	− 0.91
裸地	826.04	878.29	52.25	6.33
水域	142.29	157.63	15.34	10.78

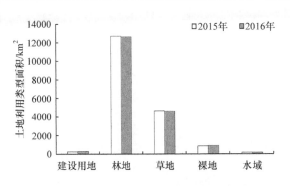

图 5.2　漠河市土地利用类型面积柱状图

由土地利用类型动态度计算结果可知，2015～2016 年，漠河市 5 种土地利用类型都发生一定程度的变化，从相对变化面积来看，其中建设用地面积变化相对较大，水域和裸地面积变化次之，林地和草地面积稍有变化；从绝对变化面积来看，裸地、林地和草地的面积变化最大。2015～2016 年建设用地面积增加了 39.37km²，裸地增加了 52.25km²，水域增加了 15.34km²，林地减少了 64.66km²，草地减少了 42.30km²。其中，由于基数较小，裸地、水域和建设用地的相对变化最剧烈，土地利用类型动态度分别高达 6.33%、10.78%和 18.05%。

　　漠河市土地利用类型动态度计算结果，从宏观上反映出漠河市城镇化进程高并逐渐加快的特点，与漠河市进入城镇建设的提升功能、加快发展重要时期的客观事实相契合。除此以外，漠河市洛古河堤防、北极村上段堤防的建设主要占用了沿江林地、草地和漫滩，同时新建了包括施工生产生活区、临时道路和料场等临时建筑以及永久建筑，也对漠河市整体的土地利用变化产生一定影响[58]。

　　2) 黑河市

　　表 5.14 为黑河市土地利用类型动态度计算结果。为了直观地看到黑河市各土地利用类型的变化情况，图 5.3 给出了 2015 年和 2016 年黑河市土地利用类型面积柱状图。

表 5.14　黑河市土地利用类型动态度计算结果

土地利用类型	2015 年面积 /km²	2016 年面积 /km²	面积变化 /km²	土地利用类型 动态度/%
耕地	1531.81	1509.66	−22.15	−1.45
建设用地	433.37	604.61	171.24	39.51
林地	8644.53	8471.87	−172.66	−2.00
草地	3384.01	3310.89	−73.12	−2.16
裸地	215.97	296.52	80.55	37.30
水域	92.97	109.11	16.14	17.36

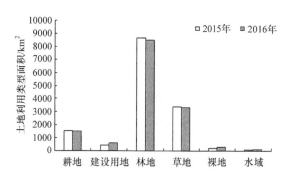

图 5.3　黑河市土地利用类型面积柱状图

　　由土地利用类型动态度计算结果可知，2015～2016 年，黑河市 6 种土地利用类型都发生了一定程度的变化，从相对变化面积来看，其中建设用地面积变化相对较大，裸地、水域面积变化次之，草地、林地和耕地面积稍有变化；从绝对变化面积来看，建设用地、林地和裸地的面积变化最多。2015～2016 年建设用地增加了 171.24km²，裸地增加了 80.55km²，水域增加了 16.14km²；耕地减少了 22.15km²，林地减少了 172.66km²，草地减少了 73.12km²。其中，裸地和建设用地的相对变化最剧烈，土地利用类型动态度分别高达 37.30% 和 39.51%。

黑河市土地利用类型动态度的计算结果，从宏观上反映出黑河市加快城市建设的特点，与黑河市作为黑龙江重要节点城市完善基础设施、扩展城市空间的客观事实相契合。除此以外，黑河市爱辉区、黑河城区以及红色边疆农场段堤防的建设主要占用了沿江耕地、林地、草地，同时新建了包括施工生产生活区、临时道路和料场等临时建筑以及永久建筑，也对黑河市整体的土地利用变化产生一定影响。

3) 逊克县

表 5.15 为逊克县土地利用类型动态度计算结果。为了直观地看到逊克县各土地利用类型的变化情况，图 5.4 给出了 2015 年和 2016 年逊克县土地利用类型面积柱状图。

表 5.15　逊克县土地利用类型动态度计算结果

土地利用类型	2015 年面积/km²	2016 年面积/km²	面积变化/km²	土地利用类型动态度/%
耕地	2736.77	2744.34	7.57	0.28
建设用地	107.76	125.73	17.97	16.68
林地	8752.53	8687.72	− 64.81	− 0.74
草地	5266.57	5286.71	20.14	0.38
裸地	75.26	86.23	10.97	14.58
水域	165.92	174.08	8.16	4.92

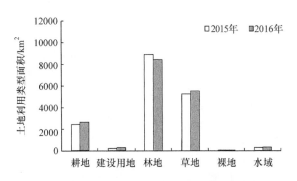

图 5.4　逊克县土地利用类型面积柱状图

由土地利用类型动态度计算结果可知，2015～2016 年，逊克县 6 种土地利用类型都发生了一定程度的变化，从相对变化面积来看，其中建设用地面积变化相对较大，裸地、水域面积变化次之，草地、林地、耕地面积稍有变化；从绝对变化面积来看，林地和草地的面积变化最大。2015～2016 年，建设用地和草地分别增加了 17.97km² 及 20.14km²，林地减少了 64.81km²。其中，裸地和建设用地的相对变化最剧烈，土地利用类型动态度分别高达 14.58%和 16.68%。

逊克县土地利用类型动态度的计算结果，从宏观上反映出逊克县加快城市建设的特点，与逊克县作为黑龙江重要节点城市完善基础设施、扩展城市空间的客观事实相契合。除此以外，逊克县堤防的建设主要占用了沿江耕地、草地，同时新建了包括施工生产生活区、临时道路和料场等临时建筑以及永久建筑，也对逊克县整体的土地利用变化产生一定影响。

4) 萝北县

表 5.16 为萝北县土地利用类型动态度计算结果。为了直观地看到萝北县各土地利用类型的变化情况，图 5.5 给出了 2015 年和 2016 年萝北县土地利用类型面积柱状图。

表 5.16 萝北县土地利用类型动态度计算结果

土地利用类型	2015 年面积 /km²	2016 年面积 /km²	面积变化 /km²	土地利用类型 动态度/%
耕地	3351.99	3345.08	−6.91	−0.21
建设用地	213.60	250.35	36.76	17.21
林地	2429.33	2352.93	−76.40	−3.14
草地	664.45	711.21	46.76	7.04
水域	100.04	99.84	−0.20	−0.20

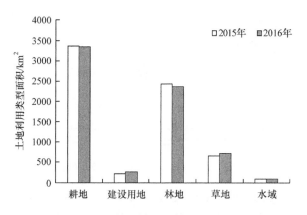

图 5.5 萝北县土地利用类型面积柱状图

　　由土地利用类型动态度计算结果可知，2015～2016 年，萝北县 5 种土地利用类型都发生了一定程度的变化。从相对变化面积来看，其中建设用地面积变化相对较大，草地、林地面积变化次之，耕地和水域面积稍有变化；从绝对变化面积来看，林地和草地的面积变化最大。2015～2016 年，建设用地和草地分别增加了 $36.76km^2$ 和 $46.76km^2$，林地减少了 $76.40km^2$。其中，建设用地和草地的相对变化最剧烈，土地利用类型动态度分别高达 17.21% 和 7.04%。

　　萝北县土地利用类型动态度的计算结果，从宏观上反映出萝北县作为黑龙江省七个"城乡一体化"试点县大力发展农业和第二、第三产业，与客观事实相契合。除此以外，萝北县堤防的建设主要占用了沿江耕地，同时新建了包括施工生产生活区、临时道路和料场等临时建筑以及永久建筑，也对萝北县整体的土地利用变化产生一定影响。

　　5) 嘉荫县

　　表 5.17 为嘉荫县土地利用类型动态度计算结果。为了直观地看到嘉荫县各土地利用类型的变化情况，图 5.6 给出了 2015 年和 2016 年嘉荫县土地利用类型面积柱状图。

表 5.17　嘉荫县土地利用类型动态度计算结果

土地利用类型	2015 年面积 /km²	2016 年面积 /km²	面积变化 /km²	土地利用类型 动态度/%
耕地	1139.70	1092.62	− 47.08	− 4.13
建设用地	102.06	149.29	47.23	46.28
林地	4851.40	4782.16	− 69.24	−1.43
草地	553.86	604.57	50.71	9.16
裸地	8.85	13.28	4.43	50.06
水域	148.33	166.28	17.95	12.10

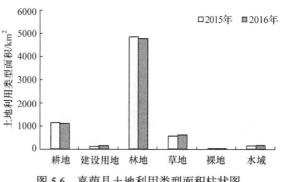

图 5.6　嘉荫县土地利用类型面积柱状图

　　由土地利用类型动态度计算结果可知，2015～2016 年，嘉荫县 6 种土地利用类型都发生了一定程度的变化，从相对变化面积来看，建设用地、裸地面积变化相对较大，草地、水域面积变化次之，耕地和林地面积稍有变化；从绝对变化面积来看，林地、草地和建设用地的面积变化最大。2015～2016 年，建设用地和草地分别增加了 47.23km² 和 50.71km²，林地和耕地分别减少了 69.24km² 和 47.08km²。其中，建设用地和裸地用地的相对变化最剧烈，土地利用类型动态度分别高达 46.28%和 50.06%。

　　嘉荫县土地利用类型动态度的计算结果，从宏观上反映出嘉荫县城镇化速度加快。除此以外，嘉荫农场二十队段—萝北县肇兴堤防的建设主要占用沿江耕地和林地，同时新建了包括施工生产生活区、临时道路和料场等临时建筑以及永久建筑，也对嘉荫县整体的土地利用变化产生一定影响。

　　6）同江市

　　表 5.18 为同江市土地利用类型动态度计算结果。为了直观地看到同江市各土地利用类型的变化情况，图 5.7 给出了 2015 年和 2016 年同江市土地利用类型面积柱状图。

表 5.18　同江市土地利用类型动态度计算结果

土地利用类型	2015 年面积 /km²	2016 年面积 /km²	面积变化 /km²	土地利用类型 动态度/%
耕地	4883.34	4741.33	−142.01	−2.91
建设用地	294.15	419.16	125.01	42.50
林地	599.75	616.27	16.52	2.75
草地	184.33	181.14	−3.19	−1.73
裸地	9.14	13.14	4.00	43.76
水域	245.80	245.18	− 0.62	− 0.25

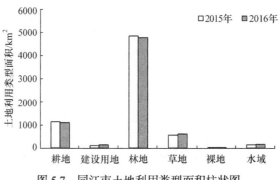

图 5.7　同江市土地利用类型面积柱状图

　　由土地利用类型动态度计算结果可知，2015～2016 年，同江市 6 种土地利用类型都发生了一定程度的变化，从相对变化面积来看，建设用地、裸地面积变化相对较大，耕地、林地、草地面积变化次之，水域面积稍有变化；从绝对变化面积来看，耕地和建设用地的面积变化最大。2015～2016 年，建设用地增加了 125.01km²，耕地和草地分别减少了 142.01km² 和 3.19km²。其中建设用地和裸地的相对变化最剧烈，土地利用类型动态度分别高达 42.50% 和 43.76%。

　　同江市土地利用类型动态度的计算结果，从宏观上反映出同江市稳步推进城镇化建设。除此以外，三江口至街津口堤防的建设主要占用沿江耕地和草地，同时新建了包括料场、施工道路和施工生产生活区等临时建筑以及永久建筑，也对同江市整体的土地利用变化产生一定影响。

　　7) 抚远市

　　表 5.19 为抚远市土地利用类型动态度计算结果。为了直观地看到抚远市各土地利用类型的变化情况，图 5.8 给出了 2015 年和 2016 年抚远市土地利用类型面积柱状图。

表 5.19　抚远市土地利用类型动态度计算结果

土地利用类型	2015 年面积 /km²	2016 年面积 /km²	面积变化 /km²	土地利用类型 动态度/%
耕地	4285.83	4283.84	−1.99	− 0.05
建设用地	342.71	351.97	9.26	2.70
林地	815.23	805.44	−9.79	−1.20
草地	564.05	559.58	− 4.47	− 0.79
裸地	20.54	22.08	1.54	7.50
水域	272.30	277.75	5.45	2.00

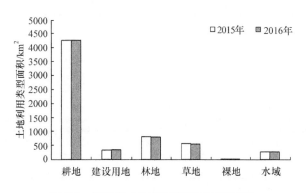

图 5.8　抚远市土地利用类型面积柱状图

由土地利用类型动态度计算结果可知，2015～2016 年，抚远市 6 种土地利用类型都发生了一定程度的变化，从相对变化面积来看，建设用地、裸地面积变化相对较大，林地、水域、草地面积变化次之，耕地面积稍有变化；从绝对变化面积来看，林地和建设用地的面积变化最大。2015～2016 年，建设用地增加了 9.26km²，林地和草地分别减少了 9.79km² 和 4.47km²。该市在 2015～2016 年各地类的面积变化都不大，总体上维持比例不变。

抚远市土地利用类型动态度的计算结果，从宏观上反映出抚远市经济社会都呈现出健康的稳步发展趋势。除此以外，黑河泡口至新发亮子、抚远市堤防的建设主要占用沿江的灌木丛和草地，虽然新建了临时建筑以及永久建筑，但施工临时占地仅为施工道路和施工生产生活区，故对抚远市整体的土地利用变化产生的影响不大。

3. 景观的土地利用类型转换结果

本章采用 ENVI 5.1 中的分类后比较法研究土地利用变化规律。将不同时期的土地利用图导入，分别通过像素、百分比和面积求得该时期内土地利用类型转换的数据，构造出土地利用转移矩阵。本章分别利用 2015 年、2016 年的土地利用现状变更数据进行土地利用转移矩阵的构造。不仅可以反映研究初期、研究末期的土地利用类型结构，同时还可以反映研究时段内各景观的土地利用类型的转移变化情况，便于了解研究初期各类型土地的变化，以及研究末期各土地利用类型的来源与构成。

1) 漠河市

漠河市土地利用转移面积矩阵和土地利用转移百分比矩阵分别见表 5.20 和表 5.21。

表 5.20　2015～2016 年漠河市土地利用转移面积矩阵　（单位：km²）

转移矩阵		2015 年				
		建设用地	林地	草地	裸地	水域
2016 年	建设用地	210.429	17.727	22.229	5.948	1.096
	林地	1.701	12580.005	13.893	1.404	0.650
	草地	1.592	44.318	4534.697	7.434	0.683
	裸地	3.838	13.929	49.552	810.349	0.626
	水域	0.502	6.331	10.651	0.909	139.235

表 5.21　2015～2016 年漠河市土地利用转移百分比矩阵　(单位：%)

转移矩阵		2015 年				
		建设用地	林地	草地	裸地	水域
2016 年	建设用地	96.50	0.14	0.48	0.72	0.77
	林地	0.78	99.35	0.30	0.17	0.46
	草地	0.73	0.35	97.92	0.90	0.48
	裸地	1.76	0.11	1.07	98.10	0.44
	水域	0.23	0.05	0.23	0.11	97.85

　　根据土地利用转移矩阵计算结果，从土地利用转移百分比矩阵对角线(各地类不发生面积转移的部分)来看，建设用地面积变化最剧烈，有 96.50%面积没有发生转移，其次是水域，97.85%的面积没有发生变化，林地、草地和裸地则分别有 99.35%、97.92%和 98.10%的面积没有发生变化。从每一列(各地类面积转移到其他地类的部分)来看，建设用地面积主要转移到裸地，占全部建设用地面积的 1.76%；草地也主要转移到裸地，占全部草地面积的 1.07%。林地、裸地、水域面积也有少量转化。从土地利用转移面积矩阵来看，各土地利用类型都基本保留原地类，其中，林地有 44.318km^2 的面积转移到草地，其次有 17.727km^2 的面积转移到建设用地；草地有 49.552km^2 的面积转移到裸地，其次有 22.229km^2 的面积转移到建设用地。总体而言，漠河市的土地利用转移主要是林地、草地转移到裸地和建设用地。

　　造成漠河市土地利用类型面积变化的原因众多。宏观上，漠河市城镇化进程逐渐加快。另外，黑龙江干流漠河市堤防建设对当地的土地利用状况也有一定影响，主体工程、取土场、弃渣场、临时道路、施工生产生活区等干扰类型对土地所产生的挖损、压占破坏均会使各地类面积发生转移，例如，林地、草地、水域转移为裸地、建设用地等[59]。

　　此外，遥感影像图，植被、生产情况及数据分析处理时的误差均会对土地利用转移矩阵的计算结果产生影响。

　　2) 黑河市

　　黑河市土地利用转移面积矩阵和土地利用转移百分比矩阵分别见表 5.22和表 5.23。

表 5.22　2015～2016 年黑河市土地利用转移面积矩阵　(单位：km^2)

转移矩阵		2015 年					
		耕地	建设用地	林地	草地	裸地	水域
2016 年	耕地	1404.827	1.170	61.376	36.209	5.918	0.158
	建设用地	94.973	410.705	11.238	78.509	8.552	0.632

续表

转移矩阵		2015 年					
		耕地	建设用地	林地	草地	裸地	水域
2016 年	林地	11.182	2.037	8422.363	32.148	3.801	0.335
	草地	11.944	1.517	124.481	3167.094	4.859	0.995
	裸地	6.740	11.744	18.154	65.988	192.365	1.534
	水域	2.145	6.197	6.916	4.061	0.475	89.314

表 5.23　2015～2016 年黑河市土地利用转移百分比矩阵　(单位：%)

转移矩阵		2015 年					
		耕地	建设用地	林地	草地	裸地	水域
2016 年	耕地	91.71	0.27	0.71	1.07	2.74	0.17
	建设用地	6.20	94.77	0.13	2.32	3.96	0.68
	林地	0.73	0.47	97.43	0.95	1.76	0.36
	草地	0.78	0.35	1.44	93.59	2.25	1.07
	裸地	0.44	2.71	0.21	1.95	89.07	1.65
	水域	0.14	1.43	0.08	0.12	0.22	96.07

　　根据土地利用转移矩阵计算结果,从土地利用转移百分比矩阵对角线(各地类不发生面积转移的部分)来看,裸地面积变化最剧烈,仅有 89.07%面积没有发生转移;其次是耕地,91.71%的面积没有发生变化;建设用地和草地则分别有 94.77%和 93.59%的面积没有发生变化;水域和林地面积变化的程度最轻,分别占各自总面积的 96.07%和 97.43%。从每一列(各地类面积转移到其他地类的部分)来看,耕地主要转移到建设用地,占全部耕地面积的 6.20%;裸地和草地也主要转移到建设用地,分别占全部裸地面积的 3.96%和全部草地面积的 2.32%;建设用地则主要转移到裸地,占全部建设用地面积的 2.71%;林地、水域与其他各地类面积也有少量转化。从土地利用转移面积矩阵来看,各土地利用类型都基本保留原地类,其中,林地有 124.481km² 的面积转移到了草地,其次有 61.376km² 的面积转移到了耕地;草地有 78.509km² 的面积转移到了建设用地,其次 65.988km² 的面积转移到了裸地;耕地也有 94.973km² 转移到了建设用地。总体而言,黑河市的土地利用转移主要是耕地、林地、草地转移为裸地和建设用地。

　　造成黑河市土地利用类型面积变化的原因众多。宏观上,黑河市加快城市建设,扩展了城市空间。另外,黑龙江干流黑河市堤防建设对当地的土地利用状况也有一定影响,主体工程、取土场、弃渣场、临时道路、施工生产生活区等干扰

类型对土地所产生的挖损、压占破坏均会使各地类面积发生转移，例如，堤防建
设临时占用沿江的耕地、林地、草地并转移为裸地、建设用地等。

　　此外，遥感影像图，植被、生产情况及数据分析处理时的误差均会对土地利
用转移矩阵的计算结果产生影响。

　　3) 逊克县

　　逊克县土地利用转移面积矩阵和土地利用转移百分比矩阵分别见表 5.24
和表 5.25。

表 5.24　2015～2016 年逊克县土地利用转移面积矩阵　（单位：km²）

转移矩阵		2015 年					
		耕地	建设用地	林地	草地	裸地	水域
2016 年	耕地	2643.444	0.119	35.010	63.725	1.264	0.780
	建设用地	3.558	105.756	8.753	7.373	0.271	0.017
	林地	35.031	0.485	8626.618	25.806	0.730	0.050
	草地	43.241	0.679	74.396	5164.923	1.294	2.174
	裸地	6.295	0.183	7.002	0.527	71.174	1.045
	水域	5.200	0.539	1.751	4.213	0.527	161.852

表 5.25　2015～2016 年逊克县土地利用转移百分比矩阵　（单位：%）

转移矩阵		2015 年					
		耕地	建设用地	林地	草地	裸地	水域
2016 年	耕地	96.59	0.11	0.40	1.21	1.68	0.47
	建设用地	0.13	98.14	0.10	0.14	0.36	0.01
	林地	1.28	0.45	98.55	0.49	0.97	0.03
	草地	1.58	0.63	0.85	98.07	1.72	1.31
	裸地	0.23	0.17	0.08	0.01	94.57	0.63
	水域	0.19	0.50	0.02	0.08	0.70	97.55

　　根据土地利用转移矩阵计算结果，从土地利用转移百分比矩阵对角线(各地类
不发生面积转移的部分)来看，裸地面积变化最剧烈，仅有 94.57%面积没有发生
转移；其次是耕地，96.59%的面积没有发生变化；水域有 97.55%的面积没有发生
变化；草地、林地和建设用地面积变化的程度最轻，分别占各自总面积的 98.07%、
98.55%和 98.14%。从每一列(各地类面积转移到其他地类的部分)来看，耕地主要

转移到草地，占全部耕地面积的 1.58%；裸地主要转移到草地和耕地，分别占全部裸地面积的 1.72%和 1.68%；水域则主要转移到草地，占全部水域面积的 1.31%；建设用地、林地和草地与其他各地类面积也有少量转化。从土地利用转移面积矩阵来看，各土地利用类型都基本保留原地类，其中，林地有 74.396km² 的面积转移到草地；草地有 63.725km² 的面积转移到耕地。总体而言，逊克县的土地利用转移主要是耕地和裸地转移到草地。

逊克县的土地利用变化程度较为轻微。这与逊克县平稳发展城乡建设的实际情况相一致。另外，黑龙江干流逊克县堤防建设对当地的土地利用状况也有一定影响，主体工程、取土场、弃渣场、临时道路、施工生产生活区等干扰类型对土地所产生的挖损、压占破坏均会使各地类面积发生转移，例如，堤防建设临时占用了沿江的耕地等。

此外，遥感影像图，植被、生产情况及数据分析处理时的误差均会对土地利用转移矩阵的计算结果产生影响。

4) 萝北县

萝北县土地利用转移面积矩阵和土地利用转移百分比矩阵分别见表 5.26 和表 5.27。

表 5.26 2015～2016 年萝北县土地利用转移面积矩阵 (单位：km²)

转移矩阵		2015 年				
		耕地	建设用地	林地	草地	水域
2016 年	耕地	3265.510	0.000	79.202	0.266	0.100
	建设用地	35.196	213.149	1.943	0.066	0.000
	林地	29.162	0.449	2315.876	7.442	0.000
	草地	22.123	0.000	32.310	656.676	0.100
	水域	0.000	0.000	0.000	0.000	99.839

表 5.27 2015～2016 年萝北县土地利用转移百分比矩阵 (单位：%)

转移矩阵		2015 年				
		耕地	建设用地	林地	草地	水域
2016 年	耕地	97.42	0	3.26	0.04	0.10
	建设用地	1.05	99.79	0.08	0.01	0
	林地	0.87	0.21	95.33	1.12	0
	草地	0.66	0	1.33	98.83	0.10
	水域	0	0	0	0	99.80

根据土地利用转移矩阵计算结果,从土地利用转移百分比矩阵对角线(各地类不发生面积转移的部分)来看,林地面积变化最剧烈,有95.33%面积没有发生转移,其次是耕地,97.42%的面积没有发生变化,建设用地、草地和水域则分别有99.79%、98.83%和99.80%的面积没有发生变化。从每一列(各地类面积转移到其他地类的部分)来看,林地面积主要转移到耕地和草地,分别占全部林地面积的3.26%和1.33%;耕地面积主要转移到建设用地,占全部耕地面积的1.05%;建设用地、草地和水域与其他各地类面积也有不同程度的转化。从土地利用转移面积矩阵来看,各土地利用类型都基本保留原地类。其中,林地有79.202km²的面积转移到耕地,其次有32.310km²的面积转移到草地;耕地有35.196km²的面积转移到建设用地。总体而言,萝北县的土地利用转移主要是耕地、林地转移到建设用地和草地。

萝北县土地利用类型面积变化的原因是复杂多样的。宏观上,萝北县城镇化进程逐渐加快。另外,黑龙江干流萝北县堤防建设对当地的土地利用状况也有一定影响,主体工程、取土场、弃渣场、临时道路、施工生产生活区等干扰类型对土地所产生的挖损、压占破坏均会使各地类面积发生转移,例如,萝北县新建堤防的临时占地主要是沿江的耕地等。

此外,遥感影像图,植被、生产情况及数据分析处理时的误差均会对土地利用转移矩阵的计算结果产生影响。

5) 嘉荫县

嘉荫县土地利用转移面积矩阵和土地利用转移百分比矩阵分别见表 5.28 和表 5.29。

表5.28　2015～2016年嘉荫县土地利用转移面积矩阵　(单位：km²)

转移矩阵		2015 年					
		耕地	建设用地	林地	草地	裸地	水域
2016年	耕地	943.334	0.714	73.741	74.328	0.471	0.030
	建设用地	23.592	91.755	26.198	7.311	0.328	0.104
	林地	59.715	1.960	4673.350	42.811	0.019	0.309
	草地	103.941	3.225	71.316	422.043	0.452	3.590
	裸地	1.824	1.041	1.455	2.105	6.811	0.044
	水域	7.294	3.368	5.337	5.262	0.764	144.253

表 5.29　2015～2016 年嘉荫县土地利用转移百分比矩阵　(单位：%)

转移矩阵		2015 年					
		耕地	建设用地	林地	草地	裸地	水域
2016 年	耕地	82.77	0.70	1.52	13.42	5.33	0.02
	建设用地	2.07	89.90	0.54	1.32	3.71	0.07
	林地	5.24	1.92	96.33	7.73	0.21	0.21
	草地	9.12	3.16	1.47	76.20	5.11	2.42
	裸地	0.16	1.02	0.03	0.38	77.00	0.03
	水域	0.64	3.30	0.11	0.95	8.64	97.25

　　根据土地利用转移矩阵计算结果，从土地利用转移百分比矩阵对角线(各地类不发生面积转移的部分)来看，草地面积变化最剧烈，仅有 76.20%面积没有发生转移；其次是裸地，77.00%的面积没有发生变化；耕地和建设用地也分别仅有 82.77%和 89.90%的面积保持原有的土地利用类型；林地和水域则分别有 96.33% 和 97.25%的面积没有发生变化。从每一列(各地类面积转移到其他地类的部分)来看，耕地主要转移为草地，占了全部耕地面积的 9.12%；草地有 13.42%的面积转移为耕地。建设用地、林地、水域与其他各地类面积也有不同程度的转化。从土地利用转移面积矩阵来看，各土地利用类型都基本保留原地类。其中，耕地有 103.941km² 的面积转移到草地；林地有 73.741km² 的面积转移到耕地，其次有 71.316km² 的面积转移到草地；草地有 74.328km² 的面积转移到耕地。总体而言，嘉荫县的土地利用转移主要是耕地转移到草地。

　　嘉荫县土地利用类型面积变化的原因是复杂多样的。宏观上，嘉荫县城镇化进程逐渐加快。另外，黑龙江干流嘉荫县堤防建设对当地的土地利用状况也有一定影响，主体工程、取土场、弃渣场、临时道路、施工生产生活区等干扰类型对土地所产生的挖损、压占破坏均会使各地类面积发生转移，例如，嘉荫县新建堤防的临时占地主要是沿江的耕地等。

　　此外，遥感影像图，植被、生产情况及数据分析处理时的误差均会对土地利用转移矩阵的计算结果产生影响。

　　6) 同江市

　　同江市土地利用转移面积矩阵和土地利用转移百分比矩阵分别见表 5.30 和表 5.31。

表 5.30　2015～2016 年同江市土地利用转移面积矩阵　(单位：km²)

转移矩阵		2015 年					
		耕地	建设用地	林地	草地	裸地	水域
2016 年	耕地	4609.387	30.297	91.811	4.534	1.127	4.441
	建设用地	150.407	255.468	3.299	7.189	1.127	1.671
	林地	109.387	2.206	502.835	0.811	0.144	0.885
	草地	5.372	2.794	0.720	169.415	0.089	2.753
	裸地	3.418	0.588	0.360	2.157	6.594	0.025
	水域	5.372	2.794	0.720	0.221	0.054	236.020

表 5.31　2015～2016 年同江市土地利用转移百分比矩阵　(单位：%)

转移矩阵		2015 年					
		耕地	建设用地	林地	草地	裸地	水域
2016 年	耕地	94.39	10.30	15.31	2.46	12.34	1.81
	建设用地	3.08	86.85	0.55	3.90	12.34	0.68
	林地	2.24	0.75	83.84	0.44	1.58	0.36
	草地	0.11	0.95	0.12	91.91	0.97	1.12
	裸地	0.07	0.20	0.06	1.17	72.18	0.01
	水域	0.11	0.95	0.12	0.12	0.59	96.02

　　根据土地利用转移矩阵计算结果，从土地利用转移百分比矩阵对角线(各地类不发生面积转移的部分)来看，裸地面积变化最剧烈，仅有 72.18%的面积没有发生转移；其次是林地，83.84%的面积没有发生变化；建设用地也仅有 86.85%的面积没有发生变化；耕地、草地和水域面积变化的程度最轻，分别占各自总面积的 94.39%、91.91%和 96.02%。从每一列(各地类面积转移到其他地类的部分)来看，建设用地主要转移到了耕地，占全部建设用地面积的 10.3%；林地和裸地也主要转移到耕地，分别占各自全部面积的 15.31%和 12.34%；耕地、草地和水域与其他各地类面积也有少量转移。从土地利用转移面积矩阵来看，各土地利用类型都基本保留原地类，其中，耕地有 150.407km² 的面积转移到建设用地，林地有 91.811km² 的面积转移到耕地；建设用地、草地、裸地和水域也发生了不同程度的土地利用类型转移。总体而言，同江市的土地利用转移主要是耕地、林地转移到了建设用地。

同江市土地利用类型面积变化的原因众多。宏观上，同江市稳步推进城镇化建设。另外，黑龙江干流同江市三江口至街津口堤防建设对当地的土地利用状况也有一定影响，主体工程、取土场、弃渣场、临时道路、施工生产生活区等干扰类型对土地所产生的挖损、压占破坏均会使各地类面积发生转移，例如，同江市堤防建设临时占用了沿江的耕地和草地并转换为裸地、建设用地等。

此外，遥感影像图，植被、生产情况及数据分析处理时的误差均会对土地利用转移矩阵的计算结果产生影响。

7) 抚远市

抚远市土地利用转移面积矩阵和土地利用转移百分比矩阵分别见表 5.32 和表 5.33。

表 5.32　2015～2016 年抚远市土地利用转移面积矩阵　　(单位：km²)

转移矩阵		2015 年					
		耕地	建设用地	林地	草地	裸地	水域
2016 年	耕地	4248.971	0.446	14.919	7.727	1.029	10.756
	建设用地	5.572	334.313	1.223	6.599	1.076	3.186
	林地	8.572	1.576	788.085	2.764	0.027	4.411
	草地	7.714	0.308	6.522	541.600	0.357	3.077
	裸地	2.571	0.651	1.223	0.169	17.278	0.191
	水域	12.429	5.415	3.261	5.189	0.774	250.678

表 5.33　2015～2016 年抚远市土地利用转移百分比矩阵　　(单位：%)

转移矩阵		2015 年					
		耕地	建设用地	林地	草地	裸地	水域
2016 年	耕地	99.14	0.13	1.83	1.37	5.01	3.95
	建设用地	0.13	97.55	0.15	1.17	5.24	1.17
	林地	0.20	0.46	96.67	0.49	0.13	1.62
	草地	0.18	0.09	0.80	96.02	1.74	1.13
	裸地	0.06	0.19	0.15	0.03	84.11	0.07
	水域	0.29	1.58	0.40	0.92	3.77	92.06

根据土地利用转移矩阵计算结果，从土地利用转移百分比矩阵对角线(各地类不发生面积转移的部分)来看，裸地面积变化最剧烈，仅有 84.11%的面积没有发生转移；其次是水域，92.06%的面积没有发生变化；林地、草地和建设用地分别有 96.67%、96.02%和 97.55%的面积没有发生变化；耕地的面积变化最小，有 99.14%的面积保留原来土地利用类型。从每一列(各地类面积转移到其他地类的部

分)来看，裸地主要转移到建设用地，占原有土地面积的 5.24%，其次有 5.01%的面积转移到了耕地；水域有 3.95%的面积转移到了耕地；林地和草地分别有 1.83%和 1.37%的面积转移到了耕地；耕地和建设用地与其他各地类面积也有少量转移。从土地利用转移面积矩阵来看，各土地利用类型基本都保留原地类，其中，林地有 14.919km^2 的面积转移到耕地；水域有 10.756km^2 的面积转移到耕地。总体而言，抚远市的土地利用转移主要是林地和水域转移到了耕地。

抚远市的土地利用变化程度较为轻微。这与抚远市平稳发展城乡建设的事实相符合，也反映了该县经济建设健康稳步提升的趋势。另外，黑龙江干流抚远市堤防建设对当地的土地利用状况也有一定影响，而抚远市的堤防料场主要为吹填料场，无须挖损土地取料，堤防的干扰也仅仅会产生压占破坏；虽然新建了临时建筑及永久建筑，但施工临时占地仅为施工道路和施工生产生活区，故对抚远市整体的土地利用变化产生的影响不大。

此外，遥感影像图，植被、生产情况及数据分析处理时的误差均会对土地利用转移矩阵的计算结果产生影响。

5.2.2　干扰区景观格局受损评价分析

土地的景观特征如景观蔓延度、景观多样性等反映了土地生态系统的结构特征，景观的变化是土地生态质量变化的宏观表现。景观格局影响生态学过程，是揭示其空间状况及空间变异的有效手段。为了更全面地评价黑龙江干流堤防建设干扰区的生态健康状况，以黑龙江干流堤防建设干扰区所在的 7 个市(县)的景观分类栅格图为数据源，计算提取出各研究市(县)的景观指标值，再结合投影寻踪模型对堤防建设前及现状景观格局进行评价。

以各标段的堤防施工布置图以及临时用地占地情况为参考，运用 ArcGIS 的 Analysis Tools 工具从各典型标段所在市(县)的景观分类栅格图中截取堤防建设活动直接干扰区域的景观类型图，以匹配景观格局受损评价的尺度并分别计算景观指数。为了定量描述景观格局，建立景观结构与过程或现象的联系，学者提出了大量的景观指数[60]。景观生态系统的空间结构特征包括个体单元空间形态、群体单元空间组合状况、单元间的空间关联指数、结构的空间变化规律等。目前的景观指数很多，选取适用于景观格局受损评价且能够代表景观格局的景观指数是十分必要的。李秀珍等研究了不同景观格局指标对景观格局的反映，并提出斑块数目与大小、斑块分维数、蔓延度、多样性及均匀度等指数是值得推荐的指标[61]。综合考虑研究区的特点、研究目的及资料情况，本书选取 4 个景观格局指标来表征区域生态系统的组织力：蔓延度指数(CONTAG)、香农多样性指数(Shannon's diversity index，SHDI)、香农均匀度指数(Shannon's evenness index，SHEI)以及散布与并列指数(interspersion juxtaposition index，IJI)。其中，多样性指数、均匀度指数为正向指标，蔓延度指数、散布与并列指数为负向指标。通过景观分析软件 Fragstats(fragment statistic)计算获得上述指标数值，采用投影寻踪模型对各典型干扰区的景观格局状况进行分析[62]。

1. 景观格局指数内涵

1) 蔓延度指数

蔓延度指数(C_1)描述不同斑块类型的团聚程度或延展趋势，指数值较小时表明景观中存在许多小斑块；指数值趋于 100% 时表明景观中有连通度极高的优势斑块类型存在。一般来说，高蔓延度指数说明景观中的某种优势斑块类型形成了良好的连接性；反之则表明景观是具有多种要素的密集格局，景观的破碎化程度较高。

蔓延度指数的计算公式为

$$C_1 = \left\{ 1 + \frac{\sum_{i=1}^{m}\sum_{k=1}^{m}\left[P_i\left(\frac{g_{ik}}{\sum_{k=1}^{m} g_{ik}} \right) \right]\cdot\left[\ln P_i\left(\frac{g_{ik}}{\sum_{k=1}^{m} g_{ik}} \right) \right]}{2\ln m} \right\} \times 100\% \tag{5.2}$$

式中，P_i 为第 i 种景观类型斑块所占面积百分比；g_{ik} 为景观类型 i 和 k 中斑块毗邻的数目；m 为景观中的斑块类型总数目。

2) 香农多样性指数

香农多样性指数(C_2)在景观级别上等于各斑块类型的面积比乘以其值的自然对数之后的和的负值。SHDI 为 0，表明整个景观仅由一个斑块组成；SHDI 增大，说明拼块类型增加或各拼块类型在景观中呈均衡化趋势分布。在一个景观系统中，土地利用越丰富，破碎化程度越高，其不定性的信息含量也越大，计算出的 SHDI 值也就越高。

香农多样性指数的计算公式为

$$C_2 = -\sum_{i=1}^{m}\left(P_i \ln P_i \right) \tag{5.3}$$

3) 香农均匀度指数

香农均匀度指数(C_3)反映景观中各斑块在空间分布上的不均匀程度，指数值较小时，优势度一般较高，可以反映出景观受到一种或少数几种优势斑块类型所支配；指数值趋近 1 时优势度低，说明景观中没有明显的优势类型且各斑块类型在景观中均匀分布。

香农均匀度指数的计算公式为

$$C_3 = \frac{-\sum_{i=1}^{m}\left(P_i \ln P_i \right)}{\ln m} \tag{5.4}$$

4) 散布与并列指数

散布与并列指数在景观级别上计算各个斑块类型间的总体散布与并列状况。IJI 取值小时表明斑块类型 i 仅与少数几种其他类型相邻接；IJI=100 时，表明各斑块间比邻的边长是均等的，即各斑块间的比邻概率是均等的。

散布与并列指数的计算公式为

$$\text{IJI} = \frac{\sum_{K=1}^{m}\left[\left(\dfrac{e_{ik}}{\sum_{k=1}^{m}e_{ik}}\right)\ln\left(\dfrac{e_{ik}}{\sum_{k=1}^{m}e_{ik}}\right)\right]}{\ln(m-1)} \times 100\% \tag{5.5}$$

式中，e_{ik} 为某类景观 i 和 k 的边界总长度，包括整个边界的长度和背景线长度。

2. 堤防干扰区景观格局指数

利用 Fragstats 景观分析软件计算各典型标段堤防干扰区的景观格局指数。2015 年和 2016 年堤防建设过程前后各典型标段堤防干扰区景观指数值分别见表 5.34、表 5.35。堤防建设过程前后各典型标段堤防干扰区景观指标变化情况如图 5.9~图 5.12 所示。

表 5.34　2015 年各典型标段堤防干扰区景观指数值

典型标段	蔓延度指数/%	香农多样性指数	香农均匀度指数	散布与并列指数/%
第 1 标段	72.8773	0.6998	0.4348	55.7165
第 7 标段	53.7457	1.3335	0.7443	56.4887
第 13 标段	61.4871	1.4855	0.6761	47.6695
第 17 标段 (萝北县)	74.5550	0.7635	0.4261	45.9825
第 17 标段 (嘉荫县)	55.1946	1.2671	0.7072	66.2863
第 20 标段	67.8500	1.0168	0.5675	50.1042
第 22 标段	63.4387	1.2067	0.6735	70.4228

表 5.35　2016 年各典型标段堤防干扰区景观指标值

典型标段	蔓延度指数/%	香农多样性指数	香农均匀度指数	散布与并列指数/%
第 1 标段	73.2657	0.6874	0.4271	55.3489
第 7 标段	60.6906	1.2875	0.6616	61.5768
第 13 标段	54.4603	1.3816	0.7711	62.3515

典型标段	蔓延度指数/%	香农多样性指数	香农均匀度指数	散布与并列指数/%
第 17 标段 (萝北县)	75.1436	0.7379	0.4118	48.4664
第 17 标段 (嘉荫县)	65.5414	1.1640	0.5982	56.4885
第 20 标段	65.2120	1.1292	0.5430	60.8453
第 22 标段	65.2663	1.2961	0.6233	78.7800

　　总体上看，各市(县)的景观指标都有一定变化。在蔓延度指数方面，除第 13 标段(逊克县)和第 20 标段(同江市)以外，蔓延度指数的总体变化趋势是增加，这说明大部分市(县)景观中优势斑块类型的连接性增强。在散布与并列指数方面，除第 1 标段(漠河市)稍有降低以及第 17 标段(嘉荫县)降低之外,其他各市(县)均有不同程度的增大，显示出各斑块类型间的比邻概率相似性更强，总体散布与并列状况变得更加杂乱无章。而在香农多样性指数上，各市(县)则表现出不同的变化

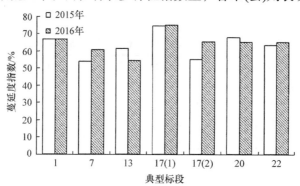

图 5.9　各典型标段堤防干扰区蔓延度指数变化情况

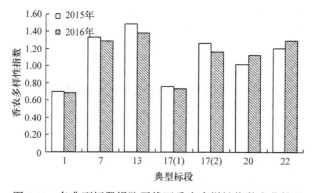

图 5.10　各典型标段堤防干扰区香农多样性指数变化情况

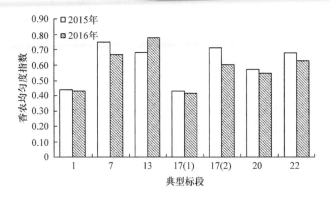

图 5.11　各典型标段堤防干扰区香农均匀度指数变化情况

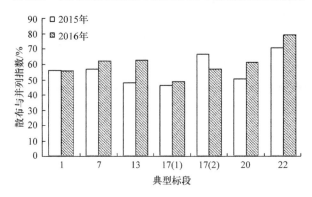

图 5.12　各典型标段堤防干扰区散布与并列指数变化情况

规律,其中第 20 标段(同江市)和第 22 标段(抚远市)的香农多样性指数变大,表明其土地利用类型更加丰富;而其余标段则减小,表明其景观异质性变低,斑块类型分布更加不均衡。在香农均匀度指数上,第 13 标段(逊克县)稍有增加,其余市(县)均表现出减少的趋势,表明景观中各土地利用类型的分布更加不均匀,景观受少数优势斑块类型支配的程度变高。

3. 基于投影寻踪模型的景观格局综合评价

投影寻踪模型是国际统计界于 20 世纪 70 年代中期发展起来的一类新兴多元数据分析的数学方法,它用来分析和处理高维数据,尤其是来自非正态、非线性高维数据的一种探索性分析的有效方法,其基本思想是把高维数据通过某种组合,投影到低维(1~3 维)子空间上,通过极大(小)化某个投影指标,寻找出能够反映高维数据结构或特征的投影,在低维上对数据结构进行分析,从而达到分析和研究高维数据的目的。

投影寻踪模型的投影方向一般采用遗传算法来进行优化。遗传算法由美国

Holland 教授于 1975 年首先提出，它模拟了自然界生物进化过程，采用人工进化方式对目标空间进行随机化搜索，是一种基于自然群体遗传演进机制的高效探索算法，具有简单、通用、全局并行等特点。主要包括选择、交叉、变异等操作。传统遗传算法的寻优效率依赖于优化变量的区间范围，选择、交叉操作的寻优能力随着迭代次数的增加而慢慢减弱；当采用二进制编码方式处理一些多维、高精度连续函数优化等问题时，就会暴露出二进制编码存在的一些弊端。因此采用基于实数编码的加速遗传算法来优化投影方向，通过最大限度暴露高维数据特征结构来得到最佳投影方向[63,64]。

投影寻踪等级评价模型建立步骤如下。

(1) 对评价指标进行归一化处理。

设 p 为干扰区生态恢复评价的指标数，n 为评价的样本数，x_{ij}^* 为第 i 个样本中的第 j 个评价指标的值，x_{ij} 为指标标准化值。为了消除评价方案中各指标量纲的影响，需要进行归一化处理。

对于效益型指标，有

$$x_{ij} = \frac{x_{ij}^* - x_{\min j}}{x_{\max j} - x_{\min j}} \tag{5.6}$$

对于成本型指标，有

$$x_{ij} = \frac{x_{\max j} - x_{ij}^*}{x_{\max j} - x_{\min j}} \tag{5.7}$$

式中，$x_{\max j}$ 与 $x_{\min j}$ 分别为指标体系中 j 指标的最大值和最小值。

(2) 构造投影指标函数。

投影寻踪的本质是通过从高维到低维的投影充分挖掘数据信息的最佳投影方向，将标准化后的 $\{x_{ij}\}$ 乘以 $\alpha = (\alpha_1, \alpha_2, \cdots, \alpha_p)$ 为投影方向的一维投影值 z_i。

$$z_i = \sum_{j=1}^{p} \alpha_j x_{ij} \tag{5.8}$$

式中，α_j 为单位长度向量；x_{ij} 为归一化后的指标值。

若 $\alpha = (\alpha_1, \alpha_2, \cdots, \alpha_p)$ 取最佳投影方向，代入式(5.8)就可以得到干扰区生态恢复评价的投影值。z_i 的散布特征应为局部投影，尽可能密集，最好凝聚成若干个点图，而整体上投影点团应该尽可能分散。因此，投影函数可表达为

$$Q(\alpha) = S_z D_z \tag{5.9}$$

式中

$$S_z = \sqrt{\dfrac{\sum\limits_{i=1}^{n}(z_i - \overline{z})^2}{n-1}} \tag{5.10}$$

$$D_z = \sum_{i=1}^{n} \sum_{k=1}^{n} (R - r_{ik}) u(R - r_{ij}) \tag{5.11}$$

其中，S_z 为投影值 z_i 的标准差；D_z 为投影值 z_i 的局部密度，D_z 越大，分类越显著；$\overline{z}$ 为各评价指标投影值 $z_1, z_2, \cdots, z_m$ 的平均值；R 为局部密度的窗口半径，一般取值为 $0.1S_z$；$u(R - r_{ij})$ 为单位阶跃函数，当 $R \geqslant r_{ij}$ 时，$u(R - r_{ij}) = 1$；当 $R < r_{ij}$ 时，$u(R - r_{ij}) = 0$。

(3) 采用实数编码加速遗传算法优化投影指标函数。

确定各指标的样本后，投影方向 α 的变化会导致投影指标函数 $Q(\alpha)$ 变化，因此要求出最佳投影方向，最大可能暴露高维数据结构特征的投影方向。可以通过求解投影指标函数最大化问题来求解最佳投影方向，即

$$\max Q(\alpha) = S_z D_z \tag{5.12}$$

$$\text{s.t.} \quad \sum_{j=1}^{p} \alpha^2(j) = 1 \tag{5.13}$$

该问题是一个以 $\{\alpha_j | j = 1, 2, \cdots, p\}$ 为优化变量的复杂非线性优化问题，采用实数编码加速遗传算法进行优化求解。

(4) 等级评价。

把步骤(3)求得的最佳投影方向 α^* 代入式(5.13)即可得到评价等级标准表中各等级样本，将各等级与其对应投影值 z_i 建立投影寻踪等级评价模型 $y^* = f(z)$，然后通过归一化待评价样本得到投影值 z_i^*，将投影值 z_i^* 代入建立好的投影寻踪等级评价模型 $y^* = f(z)$ 中，即可得到各评价样本的所属等级。景观综合指数等级划分见表 5.36。

表 5.36　景观综合指数等级划分

等级	差	较差	中	良	优
景观综合指数	0～0.3	0.3～0.5	0.5～0.7	0.7～0.9	0.9～1

按照上述原理和步骤，结合堤防建设前后各指标的指标值，评价样本的维数为 4，利用 MATLAB 2008 编程处理。各典型标段堤防干扰区景观综合指数计算结果见表 5.37，景观综合指数变化情况如图 5.13 所示。

表 5.37　各典型标段堤防干扰区景观综合指数计算结果

年份	第 1 标段	第 7 标段	第 13 标段	第 17 标段 (萝北县)	第 17 标段 (嘉荫县)	第 20 标段	第 22 标段
2015	0.394	0.741	0.748	0.426	0.679	0.561	0.617
2016	0.387	0.660	0.749	0.405	0.601	0.556	0.588

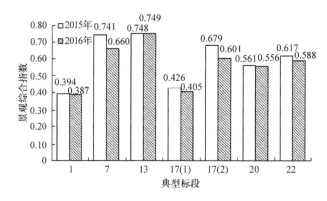

图 5.13　各典型标段堤防干扰区景观综合指数变化情况

根据投影寻踪模型运算结果，将景观综合指数分为优、良、中、较差和差五个等级。由上述评价结果可知，堤防建设前后，除在第 13 标段(逊克县)的堤防干扰区的景观格局保持良状态外，在第 17 标段(嘉荫县)、第 20 标段(同江市)和第 22 标段(抚远市)的堤防干扰区景观综合指数等级均为中，在第 1 标段(漠河市)和第 17 标段(萝北县)的则为较差，而第 7 标段(黑河市)的堤防建设干扰区评价等级由良降为中。各典型标段堤防干扰区的景观综合指数变化较为平稳，说明从景观角度分析，堤防建设没有对当地的景观格局造成显著影响。具体来看，各典型标段堤防干扰区的景观综合指数均有不同程度地下降，表明其景观格局状态均不同程度地变差，其中第 7 标段(黑河市)的堤防建设干扰区的景观综合指数从 0.741 下降至 0.660，景观格局状态下降了一个等级。综上所述，人类活动对区域景观格局带来的影响主要是负向效应。对分布零散的工程而言，其建设过程会对景观格局造成局部干扰，不仅降低了景观斑块的规整度，还会增加景观破碎化程度，使景观类型趋于不均匀，不利于区域景观的稳定。

5.3　本 章 小 结

应用 3S(遥感、地理信息系统(geographic information systems, GIS)、全球定位系统(global positioning system, GPS))技术、历史调查和野外勘察等手段，综合提

取了堤防建设前后干扰区土地利用与景观特征指数等信息，并结合投影寻踪法评价了堤防建设干扰区的景观格局受损程度。结果表明：

(1) 堤防建设前后，黑龙江干流堤防建设干扰区的典型标段各土地利用类型的面积处于动态变化中，主要为耕地、林地、草地面积减少，建设用地、裸地面积增加，且耕地、林地主要向建设用地和裸地转移。

(2) 各典型标段堤防干扰区的景观综合指数变化较为平稳，但均有不同程度的下降，表明堤防建设对干扰区景观格局带来的影响主要是负向效应。其中，第7 标段的堤防建设干扰区景观格局状况由良降为中，变化较大。

(3) 黑龙江干流堤防建设工程呈线状分布，且分布较为零散，对干扰区的整体景观格局造成一定的干扰，降低了景观斑块规整度，增加了景观破碎化程度，使景观类型趋于不均匀，不利于区域景观的稳定。

第6章　干扰区土地复垦方向

堤防建设过程占用了大量土地资源，导致干扰区土地遭受损毁，生态系统退化明显。土地复垦是使破坏的土地尽可能恢复原功能并实现土地资源可持续利用的重要手段，而土地复垦适宜性评价决定了土地复垦的方向，是土地复垦研究工作的基础，为土地复垦提供科学依据。

6.1　土地复垦原则与流程

6.1.1　土地复垦的原则

土地复垦规划应根据干扰区的土壤、气候等自然条件，同时考虑复垦的费用和市场供需状况，选择土地的利用方向[65-67]。土地复垦应遵循以下原则。

(1) 因地制宜，从实际出发。本着"宜农则农、宜林则林、宜牧则牧、宜建则建"的原则，科学合理地确定其用途，尽量将破坏的土地恢复利用。

(2) 局部利益服从整体利益，近期利益服从长远利益。规划要切实可行，并具有科学性和可操作性。

(3) 注重实效，讲究经济效益。复垦方法要考虑经济承受能力。土地复垦要和生产建设统一规划，做到切实可行，合理安排，并结合生产情况，逐年实施。

(4) 土地复垦要与土地利用总体规划相协调。土地复垦规划要与土地利用总体规划、城市规划以及堤防用地规划相协调，与土地管理密切结合。土地复垦规划要在土地利用总体规划的控制和指导下进行，并与城镇规划以及堤防用地等相协调，做到地区建设布局合理化，有利生产，方便生活，美化环境，促进生态良性循环。

6.1.2　土地复垦的流程

1. 复垦区土地现状调查

复垦区土地现状调查的内容主要分为区域地貌特征、环境因素、地表的理化性质、工程的土地处理方式、废弃地状况及其复垦的可能性等方面。区域地貌特征，即地形、地貌、植被等；环境因素，即气候、城镇、堤防工程施工前后的环境状况及开采后对环境造成的影响；地表的理化性质，即厚度、有机质含量等；

工程的土地处理方式，即土石料场开采方法，堤防清基和料场废渣的堆放方法等；废弃地状况及其复垦可能性，即复垦后的土地种植及综合利用途径、复垦周期与经济效益、土地复垦的投资能力、现有设备及其在复垦方面的通用性等。

2. 复垦土地损毁程度评价

对于堤防建设造成的土地挖损、压占等破坏方式进行损毁程度评价。通过选取不同的评价指标，分别构建各单元土地损毁程度的评价体系，运用指数和法，得到各单元土地损毁程度。

3. 待复垦土地适宜性评价

对复垦土地进行适宜性评价，目的是通过评价来确定复垦后的土地用途，以便合理安排复垦工程措施和生物措施。根据干扰区实际情况，结合复垦后不同用途土地的不同要求，选择能够反映地形、土壤质地等特征的指标进行土地适宜性评价，以衡量土地复垦后能达到的程度，从而确定其适宜的用途。

4. 确定复垦方案

结合干扰区的社会经济和自然状况，在完成现场勘察、土地利用现状分析、适宜性评价、确定土地复垦方向、工程措施、植物措施、管护措施等工作后，编写和制定土地复垦方案。

6.2　土地复垦适宜性评价指标

6.2.1　评价依据

土地复垦适宜性评价主要依据土地质量评价和土地复垦方面的规范及标准，具体包括以下几个。

(1)《耕地质量验收技术规范》(NY/T 1120—2006)。

(2)《耕地地力调查与质量评价技术规程》(NY/T 1634—2008)。

(3)《耕地后备资源调查与评价技术规程》(TD/T 1007—2003)。

(4)《土地整治项目规划设计规范》(TD/T 1012—2016)。

(5)《土地复垦质量控制标准》(TD/T 1036—2013)。

6.2.2　评价单元的划分

评价单元的划分不仅要求单元内部性质相对均一或相近，还需要单元之间具有一定差异，能客观地反映出土地在一定时间和空间上的不同。土地复垦适宜性评价单元主要有四种划分方法[68-70]，各种方法的优缺点和适用情况见表6.1。

表 6.1　土地复垦适宜性评价单元划分方法

序号	评价单元划分方法	是否采用该方法	采用或不采用的理由
1	以土地类型单元作为评价单元，以土壤、地貌、植被和土地利用现状的相对一致性作为划分依据	否	干扰区复垦土地是对施工临时用地结束后不再留续使用的永久性用地的重新开发，无景观类型单元或生产单元作为评价单元划分依据
2	以土壤分类单元作为评价单元，划分依据是土壤分类体系	否	干扰区复垦土地的土壤类型由于受到剥离、挖损等工艺的影响，已经不同于原地貌土壤类型，其地表物质组成发生变化，因而不能用土壤普查资料的土壤类型单元作为评价单元划分依据
3	以使用功能作为评价单元	是	建设过程中，临时用地中各干扰单元损毁程度及损毁方式不同，故本方案根据各地块使用功能作为划分评价单元的依据
4	以行政区划单位作为评价单元	否	施工及生产过程中各单元损毁程度及损毁方式不同，根据周边情况各区后期复垦方向亦不相同，按行政区划单位作为评价单元太过笼统

黑龙江干流堤防建设干扰区的土地复垦适宜性评价单元划分采取按使用功能划分评价单元的方法，具体可以分为五类评价单元：取土场、主体工程、弃渣场、临时道路、施工生产生活区。

6.2.3　评价因子的选取

根据 6.2.1 节列出的相关土地复垦技术规范，借鉴已有土地复垦适宜性评价方法和理论的研究成果，对干扰区的土地利用现状、损毁情况等进行综合考虑，选取宜耕、宜林和宜草类土地复垦适宜性评价的主导因子，并建立相应的土地复垦适宜性评价指标体系，如图6.1所示(注：进行宜耕类、宜林类、宜草类土地适宜性评价时，对同一评价指标的要求是不一样的，以有效土层厚度为例，对耕地复垦的要求要高于林地和草地)。

6.2.4　指标等级与标准

在划分评价指标的等级时，根据相关规范条例及已有相关研究中的指标等级标准[71-83]，并考虑黑龙江干流堤防工程的实际情况，分别建立宜耕类、宜林类和宜草类土地复垦适宜性评价指标分级标准，见表6.2～表6.4。

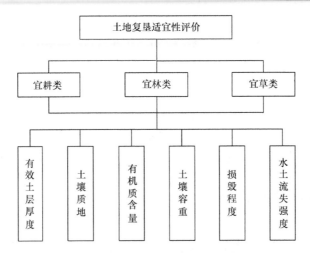

图 6.1　土地复垦适宜性评价指标体系

表 6.2　宜耕类土地复垦适宜性评价指标分级标准

评价指标		有效土层厚度/cm	土壤质地	有机质含量/%	土壤容重/(g/cm³)	损毁程度	水土流失强度/[t/(km²·a)]
指标等级	一级	>80	壤质	>1.5	1.2～1.4	无损毁	<200
	二级	50～80	砂壤质、黏质	1～1.5	1.1～1.2,1.4～1.5	轻度损毁	200～2500
	三级	30～50	砂土	0.5～1	1.0～1.1,1.5～1.6	中度损毁	2500～5000
	四级	<30	砂砾质、砾质	<0.5	<1.0,>1.6	重度损毁	>5000

表 6.3　宜林类土地复垦适宜性评价指标分级标准

评价指标		有效土层厚度/cm	土壤质地	土壤容重/(g/cm³)	损毁程度	水土流失强度/[t/(km²·a)]
指标等级	一级	>30	壤质、黏质	1.2～1.4	无损毁	<200
	二级	10～30	砂土	1.1～1.2, 1.4～1.5	轻度损毁	200～2500
	三级	5～10	砂砾质、砾质	1.0～1.1, 1.5～1.6	中度损毁	2500～5000
	四级	<5	石质	<1.0,>1.6	重度损毁	>5000

表 6.4　宜草类土地复垦适宜性评价指标分级标准

评价指标		有效土层厚度/cm	土壤质地	土壤容重/(g/cm³)	损毁程度	水土流失强度/[t/(km²·a)]
指标等级	一级	>30	壤质、黏质	1.0～1.5	无损毁	<2500
	二级	10～30	砂土	0.9～1.0, 1.5～1.6	轻度损毁	2500～5000
	三级	5～10	砂砾质、砾质	0.8～0.9, 1.6～1.7	中度损毁	5000～8000
	四级	<5	石质	<0.8,>1.7	重度损毁	>8000

6.3　土地复垦适宜性评价方法

　　支持向量机(support vector machine，SVM)[84-94]是建立在统计学习理论基础上的一种数据挖掘方法，它能非常成功地处理回归问题(时间序列分析)和模式识别(分类问题、判别分析)等诸多问题，并可推广用于预测和综合评价等领域和学科。

　　支持向量机的机理是寻找一个满足分类要求的最优分类超平面，使得该超平面在保证分类精度的同时，能够使超平面两侧的空白区域最大化。理论上，支持向量机能够实现对线性可分数据的最优分类。

　　假设训练样本集为 $\left\{(x_i,\ y_i),\ i=1,2,\cdots,n,\ x_i\in\mathbf{R}^n,\ y_i\in\mathbf{R}^n\right\}$。支持向量机的基本原理是寻找一个非线性映射 $\phi(x)$，通过 $\phi(x)$ 将数据 x 映射到高维特征空间 F 中，并在该高维特征空间 F 中利用式(6.1)中的估计函数 $f(x)$ 进行线性回归：

$$f(x)=\omega\phi(x)+b,\quad \phi:\mathbf{R}^m\to F,\quad \omega\in F \tag{6.1}$$

式中，ω 为权重向量；b 为偏置。其函数逼近问题等价于式(6.2)目标函数最小：

$$R_{\text{reg}}(f)=R_{\text{emp}}(f)+\lambda\omega^2 \tag{6.2}$$

其中，$R_{\text{reg}}(f)$ 为期望风险；$R_{\text{emp}}(f)$ 为经验风险；λ 为常数。

　　通过构造损失函数以及结构风险最小化的思想，根据统计学理论，支持向量机通过极小化目标函数来确定回归函数，即

$$\min\left\{\frac{1}{2}\omega^2+C\sum_{i=1}^{n}\left(\xi_i^*+\xi_i\right)\right\}$$
$$y_i-\omega\phi(x)-b\leqslant\varepsilon+\xi_i^* \tag{6.3}$$
$$\left(\omega,\ \phi(x)\right)+b-y_i\leqslant\varepsilon+\xi_i$$
$$\xi_i,\ \xi_i^*\geqslant 0$$

式中，C 为用来平衡模型复杂项和训练误差项的权重参数；ξ_i、ξ_i^* 为松弛因子；ε 为不敏感损失函数。该问题可以转化为以下对偶问题：

$$\max\left\{-\frac{1}{2}\sum_{i,j=1}^{n}\left(a_i^*-a_i\right)\left(a_j^*-a_j\right)K\left(X_i,X_j\right)+\sum_{i=1}^{l}a_i^*\left(y_i-\varepsilon\right)-\sum_{i=1}^{n}a_i\left(y_i-\varepsilon\right)\right\}$$
$$\sum_{i=1}^{n}a_i=\sum_{i=1}^{l}a_i^* \tag{6.4}$$
$$0\leqslant a_i^*\leqslant C$$
$$0\leqslant a_i\leqslant C$$

求解上述问题可得到支持向量机回归函数：

$$f(x) = \sum_{i=1}^{n} \left(a_i^* - a_i \right) K(X_i, X) + b \tag{6.5}$$

式中，$K(X_i, X)$ 称为核函数，需满足 Mercer 条件，一般选取最常用的高斯核函数 $K(x_i, x_j) = \exp\left(-x_i - x_j^2 / 2\sigma^2\right)$。

6.4　土地复垦适宜性评价结果及分析

6.4.1　评价指标值的提取

根据黑龙江干流堤防工程各料场特性以及取土工程量资料、主体工程以及临时道路规模资料、弃渣场特性以及工程量资料、土壤物理化学特性资料等可得各评价指标值，见表 6.5～表 6.10。

表 6.5　第 1 标段评价指标值

评价单元	有效土层厚度 /cm	土壤质地	土壤容重 /(g/cm³)	损毁程度	水土流失强度 /[t/(km²·a)]
北极村 1# 料场	20	黏土	1.98	重度	800～1000
北极村 2# 料场	20	黏土	2.01	重度	800～1000
洛古河堤防料场	20	黏土	2.00	重度	800～1000
主体工程	40	黏土	1.96	中度	800～1000
弃渣场	55	黏土	1.82	中度	800～1000
临时道路	53	黏土	1.83	中度	800～1000
施工生产生活区	54	黏土	1.81	中度	800～1000

表 6.6　第 7 标段评价指标值

评价单元	有效土层厚度 /cm	土壤质地	土壤容重 /(g/cm³)	损毁程度	水土流失强度 /[t/(km²·a)]
取土场	30	黏土	1.87	重度	800～1000
主体工程	30	黏土	1.76	中度	800～1000
临时道路	36	黏土	1.68	中度	800～1000

表 6.7　第 13 标段评价指标值

评价单元	有效土层厚度 /cm	土壤质地	土壤容重 / (g/cm³)	损毁程度	水土流失强度 / [t/(km²·a)]
东山料场	30	砂土	1.88	重度	700～900
宏丰村料场	30	黏土	1.81	重度	700～900
西双河料场	30	砂土	1.90	重度	700～900
主体工程	40	黏土	1.83	中度	700～900
弃渣场	56	黏土	1.75	中度	700～900
临时道路	52	黏土	1.73	中度	700～900

表 6.8　第 17 标段评价指标值

评价单元	有效土层厚度 /cm	土壤质地	土壤容重 / (g/cm³)	损毁程度	水土流失强度 / [t/(km²·a)]
二十队料场	20	砂土	1.80	重度	600～800
名山 1# 料场	30	黏质	1.78	重度	600～800
名山 2# 料场	30	黏质	1.79	重度	600～800
萝北 1# 料场	30	黏质	1.75	重度	600～800
萝北 3# 料场	30	黏质	1.80	重度	600～800
主体工程	40	黏质	1.73	重度	600～800

表 6.9　第 20 标段评价指标值

评价单元	有效土层厚度 /cm	土壤质地	土壤容重 / (g/cm³)	损毁程度	水土流失强度 / [t/(km²·a)]
取土场	30	黏质	1.90	重度	600～800
主体工程	30	黏质	1.87	重度	600～800
临时道路	38	黏质	1.82	中度	600～800
施工生产生活区	40	黏质	1.84	中度	600～800

表 6.10　第 22 标段评价指标值

评价单元	有效土层厚度 /cm	土壤质地	土壤容重 / (g/cm³)	损毁程度	水土流失强度 / [t/(km²·a)]
主体工程	40	砂土	1.86	重度	600～800
临时道路	55	黏质	1.74	中度	600～800
施工生产生活区	56	黏质	1.78	轻度	600～800

6.4.2 土地复垦适宜性评价结果

通过测试集训练支持向量机模型选取最佳映射，得到黑龙江干流堤防建设干扰区的土地复垦方向。根据土地复垦适宜性评价等级标准，可得到维数为 5 的多个样本。将这些样本作为训练集在 MATLAB 中进行训练，筛选惩罚参数和核函数，进行归一化处理并寻优，得到等级分值关于各项指标的最佳映射，即等级分值关于多个指标的高维函数。

运用支持向量机算法得到土地复垦适宜性评价结果见表 6.11～表 6.16。

表 6.11 第 1 标段土地复垦适宜性评价结果

评价单元	宜耕评价		宜林评价		宜草评价	
	分值	等级	分值	等级	分值	等级
北极村 1# 料场	2.5701	宜耕三等	2.5451	宜林三等	2.4978	宜草二等
北极村 2# 料场	2.5701	宜耕三等	2.5451	宜林三等	2.4978	宜草二等
洛古河堤防料场	2.5701	宜耕三等	2.5451	宜林三等	2.4978	宜草二等
主体工程	2.5643	宜耕三等	2.5245	宜林三等	2.4872	宜草二等
弃渣场	2.5245	宜耕三等	2.5171	宜林三等	2.4863	宜草二等
临时道路	2.5392	宜耕三等	2.5185	宜林三等	2.4754	宜草二等
施工生产生活区	2.5139	宜耕三等	2.5048	宜林三等	2.4653	宜草二等

表 6.12 第 7 标段土地复垦适宜性评价结果

评价单元	宜耕评价		宜林评价		宜草评价	
	分值	等级	分值	等级	分值	等级
取土场	2.5966	宜耕三等	2.5739	宜林三等	2.4974	宜草二等
主体工程	2.5866	宜耕三等	2.4977	宜林二等	2.4884	宜草二等
临时道路	2.5364	宜耕三等	2.4872	宜林二等	2.4863	宜草二等

表 6.13 第 13 标段土地复垦适宜性评价结果

评价单元	宜耕评价		宜林评价		宜草评价	
	分值	等级	分值	等级	分值	等级
东山料场	2.5679	宜耕三等	2.5381	宜林三等	2.4976	宜草二等
宏丰村料场	2.5679	宜耕三等	2.5381	宜林三等	2.4976	宜草二等
西双河料场	2.5679	宜耕三等	2.5381	宜林三等	2.4976	宜草二等
主体工程	2.5226	宜耕三等	2.4981	宜林二等	2.4861	宜草二等
弃渣场	2.5226	宜耕三等	2.4981	宜林二等	2.4861	宜草二等
临时道路	2.5319	宜耕三等	2.4873	宜林二等	2.4865	宜草二等

表 6.14　第 17 标段土地复垦适宜性评价结果

评价单元	宜耕评价		宜林评价		宜草评价	
	分值	等级	分值	等级	分值	等级
二十队料场	2.5811	宜耕三等	2.5972	宜林三等	2.4895	宜草二等
名山 1# 料场	2.5597	宜耕三等	2.5732	宜林三等	2.4723	宜草二等
名山 2# 料场	2.5597	宜耕三等	2.5732	宜林三等	2.4723	宜草二等
萝北 1# 料场	2.5797	宜耕三等	2.5938	宜林三等	2.4871	宜草二等
萝北 3# 料场	2.5497	宜耕三等	2.5725	宜林三等	2.4876	宜草二等
主体工程	2.5081	宜耕三等	2.4928	宜林二等	2.4826	宜草二等

表 6.15　第 20 标段土地复垦适宜性评价结果

评价单元	宜耕评价		宜林评价		宜草评价	
	分值	等级	分值	等级	分值	等级
取土场	2.5814	宜耕三等	2.5826	宜林三等	2.4937	宜草二等
主体工程	2.5864	宜耕三等	2.4982	宜林二等	2.4862	宜草二等
临时道路	2.5563	宜耕三等	2.5793	宜林三等	2.4872	宜草二等
施工生产生活区	2.5315	宜耕三等	2.4784	宜林二等	2.4691	宜草二等

表 6.16　第 22 标段土地复垦适宜性评价结果

评价单元	宜耕评价		宜林评价		宜草评价	
	分值	等级	分值	等级	分值	等级
主体工程	2.5853	宜耕三等	2.5361	宜林三等	2.4958	宜草二等
临时道路	2.5500	宜耕三等	2.5326	宜林三等	2.4861	宜草二等
施工生产生活区	2.5252	宜耕三等	2.5371	宜林三等	2.4883	宜草二等

　　根据上述各地类的适宜性评价结果，选择适宜性等级最高的土地类型作为适宜复垦方向，例如，评价结果为"宜耕三等、宜林三等、宜草二等"，则土地适宜复垦方向为草地。

　　如果最高适宜等级的土地类型有两种或两种以上，则按照耕地、林地、草地的次序作为复垦方向，例如，评价结果为"宜耕三等、宜林二等、宜草二等"，则土地适宜复垦方向为林地。

6.4.3 土地复垦方向的确定

在实际复垦过程中，复垦用地结构以及各类用地布局应根据待复垦土地的空间特性、区位因素、土地适宜用途等来确定。土地复垦方向应该综合考虑理论适宜复垦方向、施工前的土地类型、当地居民的生活习惯以及复垦工程量来确定。

土地复垦方向的确定主要有如下原则：

(1) 土地复垦应尽量恢复为施工前的原有土地类型。例如，施工前该土地类型为林地，则尽量恢复为林地。

(2) 按照耕地、林地、草地的等级次序，若理论适宜复垦的土地类型低于施工前的土地类型，仍按照理论适宜复垦方向进行复垦。若适宜复垦方向为林地，施工前土地类型为耕地，则依旧复垦为林地。

(3) 如果施工前的土地类型为混合土地类型，按照原则(1)和(2)来处理。例如，土地适宜复垦方向为林地，施工前地类为耕地、林地、草地混合土地类型，则原本为草地的地区仍复垦为草地，原本为林地的地区仍复垦为林地，原本为耕地的地区复垦为林地。

最终确定的土地复垦方向结果见表 6.17。

表 6.17 最终土地复垦方向的确定

复垦单元		适宜复垦方向	施工前地类	最终复垦方向
第 1 标段 (漠河市)	北极村 1# 料场	草地	草地	草地
	北极村 2# 料场	草地	草地	草地
	洛古河堤防料场	草地	草地	草地
	主体工程	林地	耕地/林地/草地	林地/草地
	弃渣场	草地	草地	草地
	临时道路	草地	草地	草地
	施工生产生活区	草地	草地	草地
第 7 标段 (黑河市)	取土场	草地	草地	草地
	主体工程	林地	耕地/林地/草地	林地/草地
	临时道路	林地	耕地	林地
第 13 标段 (逊克县)	东山料场	草地	草地	草地
	宏丰村料场	草地	草地	草地
	西双河料场	草地	草地	草地
	主体工程	林地	耕地/林地/草地	林地/草地
	弃渣场	林地	耕地	林地
	临时道路	林地	耕地	林地

续表

复垦单元		适宜复垦方向	施工前地类	最终复垦方向
第 17 标段 (嘉荫县、萝北县)	二十队料场	草地	林地	草地
	名山 1# 料场	草地	耕地	草地
	名山 2# 料场	草地	耕地	草地
	萝北 1# 料场	草地	耕地	草地
	萝北 3# 料场	草地	草地	草地
	主体工程	林地	耕地/林地/草地	林地/草地
第 20 标段 (同江市)	取土场	草地	林地	草地
	主体工程	林地	耕地/林地/草地	林地/草地
	临时道路	草地	草地	草地
	施工生产生活区	林地	林地	林地
第 22 标段 (抚远市)	主体工程	草地	耕地/林地/草地	草地
	临时道路	草地	草地	草地
	施工生产生活区	草地	草地	草地

6.5 本 章 小 结

以宜耕、宜林、宜草评估为导向，构建土地复垦适宜性指标评价模型，运用支持向量机算法对各典型标段不同干扰单元的土地复垦方向进行了适宜性评价，结合评价结果和干扰前土地利用类型等因素确定最终的土地复垦方向。结论如下：

(1) 料场用地均复垦为草地；主体工程由于占用土地类型较为复杂，原土地类型为耕地和林地的均复垦为林地，原土地类型为草地的仍复垦为草地；第 1 标段弃渣场复垦方向为草地，第 13 标段弃渣场复垦方向为林地。

(2) 第 1、20、22 标段临时道路复垦方向为草地，第 7、13 标段临时道路复垦方向为林地。第 1、22 标段施工生产生活区复垦方向为草地，第 20 标段施工生产生活区复垦方向为林地。

第7章 干扰区生态修复方案

干扰区生态修复方案设计是生态修复研究工作的重点与核心。本章基于第 3 章～第 5 章中干扰区受损程度分析结果及第 6 章确定的干扰区土地复垦方向，针对各典型标段的不同土地占用单元进行生态修复方案的设计。

7.1 修复目标与原则

7.1.1 土地复垦目标

2011 年，国务院颁布实施的《土地复垦条例》中指出，土地复垦是指对生产建设活动和自然灾害损毁的土地采取一系列整治措施，使其恢复可供利用状态的活动。它是资源合理利用的结果，是资源开发利用与土地保护相互协调、相互发展的关键环节[95]。土地复垦的主要目标如下：

(1) 复垦利用类型应与地形、地貌及周围环境相协调。

(2) 用作复垦场地的覆盖材料不应含有害成分，如含有害成分，应先去除。视废弃物性质、场地条件，必要时设置隔离层后再进行覆盖。充分利用从废弃地收集的表土作为顶部覆盖层。

(3) 覆盖后的场地规范、平整，覆盖层容重等满足复垦利用要求，用作林牧业时，坡度一般不超过 25°。

(4) 选择符合气候条件的当地物种，修复后的生态环境与周围相协调，生态结构稳定。

(5) 用于复垦的草种必须是一级种，并且要有"一签、三证"，即要有标签、生产经营许可证、合格证和检疫证。

(6) 用于复垦的树苗必须从信誉度高的单位购买，苗木的质量、新鲜度和发芽情况要符合移植的标准，即具有苗干粗壮、通直圆满、主根短粗、侧根发达、顶芽饱满健壮、无病虫害和机械损伤的特点。

(7) 有防治病、虫害措施和防退化措施。

7.1.2 生态修复目标

生态修复就是指退化生态系统的修复，是相对生态退化而言的，即重建已受损害或退化的生态系统，恢复生态系统良性循环和功能的过程。修复后的生态系统在结构和功能上能自我维持，对正常幅度的干扰和环境压力表现出足够的弹性，能与相邻生态系统有生物、非生物流动及文化作用。生态修复目标可以参考国际生态修复学会(Society for Ecological Restoration，SER)对生态修复是否完成的判断标准，具体特征如下：

(1) 生态系统恢复后的特征应该与参照系统类似，而且有适当的群落结构。

(2) 生态系统恢复后有尽可能多的乡土种，恢复后的生态系统中允许外来驯化种、非入侵性杂草和作物协同进化种的存在。

(3) 生态系统恢复后，出现维持系统持续演化或稳定所必需的所有功能群，或提供所有功能群重新定居的条件。

(4) 生态系统恢复后，对维持生态系统稳定的物种或对生态系统正向演化起关键作用的物种能够繁殖。

(5) 生态系统恢复后在其所处演化阶段的生态功能正常，没有功能失常的趋势。

(6) 恢复后的生态系统能较好地融入所在的景观或生态系统组群中，并通过生物和非生物流动与其他系统相互作用。

(7) 周围景观中对恢复后的生态系统的健康和完整性构成威胁的潜在因素已经消除或其影响已经降至最低。

(8) 恢复后的生态系统能对正常范围内周期性环境压力保持良好的弹性，能够维持生态系统的完整性。

(9) 恢复后的生态系统与作为参照的生态系统保持相同程度的自我维持能力，即具有能自我维持无限长时间的能力。

7.1.3　景观重塑目标

景观重塑是指在对区域景观性状、功能有深层次认识的基础上，用一系列景观设计的手法对原有场地进行改造、重组和再生，实现原有景观在规划层面和设计层面上的调整和优化，形成具有全新功能和多重含义的景观[96]。景观重塑的目标应主要包括如下几个。

(1) 突出景观特色，表现出当地景观特有的魅力及景观的艺术性与文化性。

(2) 有效遏制景观结构与功能的退化，最终实现与原景观的功能等同，建立一种结构合理、功能高效、关系协调的景观模式。

(3) 保护和促进景观多样性与异质性，维持景观斑块动态与景观生态过程的连续性，加强区域生态系统的稳定性，建立人文与自然和谐且优美的景观。

(4) 建立适于人类生存和发展的可持续发展景观模式，控制和改善生态脆弱区景观的演化，将人类活动对于景观演化的影响导入良性循环，从而构建区域生态安全格局。

7.1.4　生态修复方案制定原则

基于黑龙江干流堤防建设干扰区的现状对干扰区进行生态修复，方案制定原则包括因地制宜原则、自然恢复和人为措施相结合原则、尽量按原有土地类型恢复原则、复垦方向指导生态修复原则。

1. 因地制宜原则

不同区域具有不同的自然环境，如气候、水文、地貌、土壤条件等，区域差异性和特殊性要求在生态修复时因地制宜。依据研究区的具体情况，在长期试验的基础上，总结经验，找到合适的生态修复技术。当干扰区为地广人稀、降雨条件适宜、水土流失程度轻微的地区时，应把自然力量和人为措施结合起来，宜林则林、宜草则草、宜封则封、宜荒则荒。大面积地区进行生态修复时，应根据区内相似性、区间差异性、多样性、复杂性和社会经济发展条件，在分区研究的基础上，对修复区有针对性地实施生态修复。

黑龙江干流堤防建设干扰区生态修复涉及堤防建设长度 800.445km，建设地点包括沿线 12 个市(区、县)的 32 个乡镇以及 9 个国有农场，需要进行生态修复的面积大。考虑区域内相似性与区域间差异性，根据黑龙江的气候条件，将黑龙江干流堤防建设干扰区划分为三个气候带，针对每个气候带不同的气候特点，制定不同的生态修复方案。

2. 自然恢复和人为措施相结合原则

生态修复应实现人与自然和谐相处，首先需要控制人类活动对生态系统的破坏，对修复中的干扰区采取封育等措施，保障生态修复的顺利进行。在经济较落后、交通闭塞、自我发展能力欠缺、资金注入有限的条件下，以自然恢复为主，辅以人为措施；在经济发展潜力巨大、生态修复资金投入力度充足的情况下，人为措施应与自然恢复并重，采取人为的生态修复管理、生物措施和水保工程措施等，加快生态修复的速度，并与自然恢复相结合。

在制定黑龙江干流堤防建设干扰区生态修复方案时，对受到严重干扰的地区，首先需要人为对植被立地条件、植物群落等进行修复，并采用封育措施保证自然恢复的进行，从而达到生态修复的目标，实现人与自然的和谐相处；干扰较轻的地区，主要依靠自然恢复，辅以封山育林、养护等人为措施，确保生态恢复的顺利进行。

3. 尽量按原有土地类型修复原则

生态修复的内涵之一是将受损生态系统修复到接近它受干扰前的自然状态，即重建该系统干扰前的结构与功能。因此，在黑龙江干流堤防建设干扰区的有效土层厚度、土壤质地、有机质含量、土壤容重、损毁程度、水土流失强度等条件满足原有占地类型要求的条件下，应按照原有土地类型修复，即干扰前土地类型为耕地的生态修复后仍为耕地，干扰前占地类型为林地的仍修复为林地，干扰前土地类型为草地的仍修复为草地。

4. 复垦方向指导生态修复原则

由于生态系统的复杂性和某些环境要素的突变性，以及对生态过程及其内在运行机制认识的局限性，人们不可能对生态演替的方向进行准确的估计和把握。因此，当生态系统破坏程度不足以修复为原有占地类型时，需要按照研究确定的复垦方向进行修复。

第6章通过构建土地复垦适宜性评价指标体系，得到了黑龙江干流堤防建设干扰区典型标段各工程单元适宜的土地复垦方向，因此当干扰区现有条件不满足修复为原有占地类型时，应根据得到的适宜复垦方向制定干扰区的生态修复方案。

7.2　生态修复技术

按照土地复垦、生态修复及景观重塑的逻辑层次，对国内外生态修复的方法进行汇总和整理，从而得到黑龙江干流堤防建设干扰区生态修复技术体系。

7.2.1　土地复垦

土地复垦的本质既包括将遭到破坏的土地资源恢复，也包括重新建设生态环境，使生态得到平衡[97]。土地复垦既改造土地，又改造环境，其终极目的是生态意义上的复垦。黑龙江干流堤防建设干扰区生态修复方案中的土地复垦主要包括地貌重塑和土壤重构两个部分。

1. 地貌重塑

土壤重构的基础是地貌重塑。地貌是自然地理环境的重要因素之一，对地理环境的其他要素及人类的生产和生活具有深刻的影响。对地貌进行重塑意义重大，重塑技术随着地貌的形成原因、地貌类型的变化而变化。从地貌与地表的空间关系角度出发，可以将堤防建设干扰区分成凹区和凸区。

1) 凹区

凹区容易积水，对应地可采取疏排法或挖深垫浅法修复土地。对有积水的凹区可以就势取利，建成水产养殖基地或水田等；对于没有积水的凹区，可以利用填埋法使其达到要求标高，再结合土地平整技术，完善灌溉等生产配套设施，为农业生产提供有力保障。

凹坑、沉陷、塌陷深度小于 1m 的，应填平，尽量修复为原土地类型。凹坑、沉陷、塌陷深度 1～3m 的，可填平，也可采用挖高填低方法。对深度大于 3m 的凹坑、已稳定的沉陷和塌陷：凹陷场地地面标高高于地下水位的，可采用挖高填低处理，把整治区内废渣、废石、弃土等堆积土石或从其他较高处挖出土方，用于填平整治区内凹陷、沉陷、塌陷等较低的地方，修复为原土地类型，达到整治区内土方平衡，基本上渣尽坑平；凹陷场地地面标高低于地下水位的，不具备回填土源条件的，或有景观要求的可将水面改造成水塘、景观池、蓄水池，把整治区凹陷、沉陷、塌陷地方进一步挖低，形成水塘、景观池、蓄水池，用挖出的土填到需要填高的地方，修整成台地。

2) 凸区

凸区容易水土流失，偶尔有滑坡等灾害的发生，可结合当地地形，对其进行削坡、分级等，并栽种一些藤蔓类植物，进行绿化、固土。在实际的工作中，要综合考虑地貌的形态、基本特征、形成原因和发展变化，选择科学可行的技术方案对干扰区的地貌进行重塑。

2. 土壤重构

土壤重构以恢复或重建已被破坏的土地为目的，是生态修复成败的关键。土壤重构包括工程重构和生物重构[98]。

1) 工程重构

工程重构开始于土地复垦的初始阶段。工程重构方法有表土剥离、回填、充填等。对于取土场等堤防修建区域，可将上覆岩层分层，然后逐层进行剥离，并通过交错回填技术使复垦土壤基本保持原来的土层顺序，以使植物更容易生长。取土场的复垦设计，运用"分层剥离、交错回填"的重构原理将岩层分成几个部分，构建更适于作物生长的土壤剖面。

2) 生物重构

生物重构是在工程重构过程中或结束后进行的重构，通过土壤培肥改良与种植措施来加速重构土壤与剖面发育，改善土壤环境质量，逐步恢复重构土壤的肥力，提高重构土壤的生产力，恢复土壤生态系统。常用的三类方法分别是：化学改良法、施肥改良法和微生物改良法。化学改良法主要是调整土壤的酸碱性，即平衡土壤 pH，应使复垦土壤在 0～150cm 表土范围的任一 10cm 土层 pH 保持在 3～9。

干扰区土壤呈酸性，选用生石灰、熟石灰、石灰石等材料进行改良；干扰区土壤呈碱性，则选用石膏改良。施肥改良法和微生物改良法都是通过施肥以提高复垦土地生产力。不同的是施肥改良法施的是无机肥，而微生物改良法施的是有机肥。复垦土壤在施肥时以有机肥作为底肥，同时施用无机肥，有机肥和无机肥相结合施用，既增产又养地，达到用养结合的目的。

7.2.2　生态修复

研究人员对生态修复的内涵有不同的理解：Cairns 等认为生态修复是使受损生态系统的结构和功能恢复到受干扰前的自然状态的过程[99]；Richard 认为生态修复是重建某区域历史上有的植物和动物群落，而且保持生态系统和人类的传统文化功能的持续性过程[100]；美国生态学会则认为生态修复就是人们有目的地将一个地方改建成定义明确的、固有的、历史上的生态系统的过程，这一过程的目的是仿效那种特定生态系统的结构、功能、生物多样性及其变迁过程[101]。

针对干扰区的生态修复，应该是立足于干扰区的生态系统受损现状，在系统、全面地研究生态系统退化的原因与过程的基础上，人为选择相应的生物、生态工程技术，对导致生态系统退化的因子进行遏制和改变，并对整个生态系统内部结构进行合理优化配置，使其恢复到受损以前具有自我调节和恢复能力的自然状态，在自然界中发挥其应有作用，并为人类社会可持续发展提供服务。

不同类型(如森林、草地、农田、湿地、湖泊、河流、海洋)、不同退化程度的生态系统，其修复方法不同[102]。从恢复的类型上看，主要有水土流失控制与保持技术(土石方工程技术、水土保持林技术)、土壤改良技术(转移表土法、覆盖客土法、土壤性状改良法、土壤 pH 改良法)、植被修复技术(苗木种植技术、边坡草种定植技术、播种技术)、固体废弃物处理技术(减量化处理、堆置处理、填埋处理)、污水处理与再利用技术(污水处理技术、雨水收集与循环利用)、空气污染防治(烟尘控制技术)及封山育林技术(自然恢复方法)，见表 7.1。

表 7.1　生态修复技术

类型	技术	方法
水土流失控制与保持技术	土石方工程技术	1. 挡土墙工程 2. 拦渣坝、挡土坝工程 3. 格宾网技术 4. 放坡 5. 削坡分级 6. 排水沟 7. 导洪排水工程 8. 覆盖、拦挡
	水土保持林技术	1. 聚水保 2. 核能素

续表

类型	技术	方法
土壤改良技术	转移表土法	在地表被破坏前,先将该地表的表层及亚表层土壤取走,并进行妥善保存
	覆盖客土法	在处理土层较薄或缺少种植土壤的干扰区时,可采用从异地提取的熟土覆盖在其地表土层,同时,对土壤的相关理化特性进行优化改良
	土壤性状改良法	对土壤性状改良主要是为了提高土壤的孔隙度,降低土壤容重,改善土壤结构
	土壤 pH 改良法	主要借助化学的修复手段来对土壤 pH 进行改良,通过酸碱中和等化学反应,去除土壤中的重金属离子,从而达到改善土质的目的
植被修复技术	苗木种植技术	1. 鱼鳞坑种植技术 2. 原生植物移植
	边坡草种定植技术	1. 三维网植被修复法 2. 生态植被毯法 3. 植生袋法 4. 草皮护坡技术
	播种技术	1. 人工撒播 2. 机械撒播 3. 厚层基材喷射技术 4. 客土喷播技术 5. 液压喷播植草技术
固体废弃物处理技术	减量化处理	对已经产生的固体废弃物进行分选、破碎、压实浓缩、脱水等,减少其最终处置量,降低处理成本,减少对环境的污染
	堆置处理	堆置处理就是将固体废弃物堆放到预先准备好的场地上
	填埋处理	填埋处理就是将固体废弃物经过表土采掘、表土储存、将废弃物回填并平整、铺垫表土、最后复垦种植等五个步骤进行处理
污水处理与再利用技术	污水处理技术	通过化学反应、植物根系吸附、微生物分解等过程去除水体中的重金属离子,通过种植具有净化水体作用的水生植物与微生物,通过植物的净化功能去除水体中有机污染物及多余的氮、磷等营养物,从而实现水体生态系统的平衡
	雨水收集和循环利用	坑塘的形态特征决定了其收集雨水的效果较好,对雨水的收集与再利用有着重要的生态价值
空气污染防治	烟尘控制技术	利用各种除尘设备、施工时采用浇水降尘、运输时封闭等措施控制空气污染
封山育林技术	自然恢复方法	在封育范围内禁止不利于植物生长繁育的人类活动,清除抑制植被生长发育的障碍,对病虫害等进行防治

1. 水土流失控制与保持技术

1) 土石方工程技术

(1) 挡土墙工程。挡土墙是指支承地基填土或山坡土体,防止填土或土体变形失稳的构造物。施工便道下边坡应该设置挡土墙工程,既可稳定施工便道路基,又能降低水土流失危害。

(2) 拦渣坝、挡土坝工程。为有效拦挡废土、废石、废渣及腐殖质土,应将上述废弃物堆放在指定的废石场和临时堆土场,同时在堆放前设置拦渣坝、挡土坝,防止废弃渣石在大风大雨的情况下出现滑坡、坍塌和土壤侵蚀。挡土坝断面采用梯形断面。

(3) 格宾网技术。格宾网施工主要作为挡土墙基础使用,利用高锌金属编制的网笼装填石块等填充物,网笼之间用高锌金属连接固定,利用高锌金属30年不锈蚀的特性,形成稳定的柔性整体结构,而且装填后的网笼具有透水性,能有效地防止侧滑和坍塌,装填后的网笼缝隙可生长植物,又形成了生态景观[103]。

(4) 削坡分级。削坡是指削除非稳定体的部分,减缓坡度,使原来的陡坡变得平缓,削减助滑力;分级是指通过开挖边坡,修筑阶梯或平台,达到相对截短坡长,改变坡型、坡度、坡比,降低荷载重心,维持边坡稳定[104]的目的。

(5) 放坡。放坡是指为了防止土壁塌方,确保施工安全,当挖方超过一定深度或填方超过一定高度时,其边沿应放出足够的边坡。主体工程有大量弃土集中堆放至弃土场,对形成的陡坡进行放坡,减小坡角,当坡面较陡时,需进行压实处理,防止土体不稳而造成水土流失。

(6) 排水沟。为防止降雨形成的地表径流冲刷坡面以及控制坡地料场不受外水侵袭,坡地料场上坡向布置临时排水沟;根据各段弃渣场条带性布置特点,在外侧开挖土质排水沟,疏导地表径流;保留在修建施工便道过程中道路两侧形成的排水沟以及原有的排灌系统。为防止土层堆置期间外表面产生水土流失,在工程区域周边布置编织袋土埂,土埂断面为梯形。

(7) 导洪排水工程。由于堤防工程施工区域复杂,而且河流长年不断流,特别是在雨季和春季积雪融化时河流水量较大,通过在采矿场和废石场上设置明渠和埋设钢筋混凝土管道,使上游来水穿越采矿场和废石场。地表水排洪设施均采用圆管涵通过废石场,将河水从上游河道引入下游河道,消除河谷内水流对废石场的影响。

(8) 覆盖、拦挡。为了降低工程施工对周边环境的影响,防止施工期间水土流失的产生,施工前首先沿永久征地红线设置施工围栏,使施工区与外面建成区隔离,并沿征地红线设置临时编织土袋挡墙。为避免大风期产生土壤流失,在土体表面覆盖密目网临时苫盖,在雨天准备防水塑料薄膜覆盖工程坡面及堆土、堆料。

2) 水土保持林技术

水土保持林是为减少、防止水土流失而营建的防护林，是水土保持林技术措施的主要组成部分。主要作用表现在：调节降水和地表径流。通过林中乔、灌木林冠层对天然降水的截留，改变降落在林地上的降水形式，削弱降水强度和其冲击地面的能量。通过增加地表覆盖物的形式，减少雨水对地表物质的侵蚀，可以改善地表物质组成，改善微生物环境，最终改善小气候[105]。

由于大多数水土流失地区的生物气候条件和造林地土壤条件都较差，水土保持林的营造和经营上有如下特点：选择抗性强和适应性强的灌木树种。在规划施工时注意造林地的蓄水保土坡面工程，如小平条、鱼鳞坑、反坡梯田等。可采用各种造林方法，以及人工促进更新和封山育林等。造林的初植密度宜稍大，以利于提前郁闭，在水土保持林营造时，可结合国内外已有的先进技术提高林木的存活率。

(1) 聚水保。在土壤条件差的地段，水土保持种植过程使用聚水保。聚水保是一种无毒、无污染，具有超强吸水、保水能力的高分子聚合物，在土壤中形成一个"微型水库"，旱时放水，涝时吸附水，并能快速吸收雨水保存，缓慢释放，防止蒸腾、渗漏水，保证植物正常生长。

(2) 核能素。在大树移植、裸根种植时灌淋根部。由于核能素是由天然植物精华素制成并含有快速生根和抗病毒因子，浇灌树木后，树木根、杆、叶迅速生长，长势健壮，抗逆性增强，能有效地提高种植成活率。

2. 土壤改良技术

堤防建设对干扰区的土壤造成了一定程度的破坏，在进行土壤恢复时，建立土壤层是最好的土壤改良方法，但是由于合适的土壤并不容易获得，在实际操作中，常采用改良土壤基质的方法来弥补[106]。

1) 转移表土法

在地表被破坏之前，先将该地表的表层及亚表层土壤取走，并妥善保存，取土过程中尽量减少其土壤结构的破坏和土壤中养分的流失，工程结束后再把它们运回原处利用。转移表土法实施中具体可分为表土的剥离、保存和复原三个环节，运用时还应注意在取土工程中尽量减少对土壤结构层的破坏，防止土壤中营养成分流失。

2) 覆盖客土法

在处理土层较薄或缺少种植土壤的干扰区时，可以从异地提取熟土覆盖在其地表土层，也可以选取城市生活产生的垃圾污泥和城市河道清理产生的淤泥作为客土，通过引进氮素、微生物和植物种子等方式，对土壤的相关理化特性进行优化改良，覆盖于干扰区土层表面，为干扰区的植被修复创造条件。

3) 土壤性状改良法

土壤性状改良法主要是为了提高土壤的孔隙度、降低土壤容重、改善土壤结构。短期内可采用犁地和施用农家肥等方法，但植被覆盖才是进行土壤物理性状改良的有效方法。土壤性状改良中的化肥包括氮、磷肥料，主要是作为种植肥或部分植物的追肥。施肥后，可以优先种植具有固氮效果的植物，以更快地改善土壤的理化性质。

4) 土壤 pH 改良法

土壤的 pH 是决定土壤中养分含量以及植物能否健康生长的重要指标。露天开采活动常会破坏矿区土壤中酸性或碱性的矿层物质，对整个土壤剖面产生消极影响。因此，在干扰区的生态修复过程中，应首先对土壤的 pH 进行测定，然后采取针对性的措施进行改良。土壤 pH 改良法主要借助化学的修复手段来对土壤 pH 进行改良，通过酸碱中和等化学反应去除土壤中的重金属离子，从而达到改善土质的目的。对于 pH 较高的酸性土壤，可在土壤中放置碳酸氢盐或石灰来调节土壤的酸性，这种方法既可以降低土壤酸碱度，又可以增加土壤中的微量元素含量，还能促进土壤中微生物的活性，使土壤结构从根本上得到改良。但对于 pH 过低或酸化时间较长的土壤，应少量多次施用碳酸氢盐或磷矿粉，这样既可以提高土壤肥力，又能在较长时间内将土壤 pH 控制在合理范围内。

3. 植被修复技术

堤防建设过程中涉及的边坡包括堤防主体工程的边坡以及取土场深挖形成的深坑边坡。裸露的边坡容易变形造成崩落、滑坡甚至崩塌，同时会造成土壤和水源污染。边坡的破坏靠自然的力量很难恢复，边坡治理是干扰区生态修复的基础性工作，边坡复绿是将具有生命力植物的种子、苗木等种植在边坡面上，不但可以绿化环境，亮丽人们的视觉，而且对于涵养水源、保持水土也是一种有效的措施。

边坡复绿首先要平整坡面，清除坡面的碎石及杂物，对坡顶角和坡面突出的土石棱角进行削坡减裁，对于高度不大的此类边坡，也可填方压低坡脚，使之呈弧形，坡面要求达到基本平整。同时也要注意坡面的稳定性，以防滑坡。

1) 苗木种植技术

(1) 鱼鳞坑种植技术。该技术是指利用爆破、开凿或堆砌的方法在边坡壁上挖掘固定大小的巢穴后，向其中加入土壤、水分和肥料，再种上植物[107]。鱼鳞坑具备汇集径流和强化降水就地入渗的功能，可提高坡径流利用率并改变水分的时空分布，从而减少水土流失，起到改善土壤水肥条件的作用，促进林、灌、草的生长。

(2) 原生植物移植。将坡面修成可以进行绿化的倾斜度(约 35°以下)，覆盖外运表土后，选取该地段附近的原生植物，在修筑坡面的同时进行移植。

2) 边坡草种定植技术

(1) 三维网植被修复法。三维网又称固土网垫，以热塑性树脂为原料，经挤出、拉伸等工序形成上下两层网格经纬线交错排布黏结、立体拱形隆起的三维结构，具有很好地适应坡面变化的贴附性能[108]。在对坡面进行细致整平后，进行铺网，剪裁长度应比坡面长 1.3m，使网尽量与坡面贴附紧实，网间重叠搭接 0.1m，采用"U"形钉或聚乙烯塑料钉在坡面上固定三维网，之后在上部网包层填改良土，并洒水浸润，至网包层不外露为止，最后采用人工撒播或液压喷播灌草种子。三维网植被修复法具体操作如图 7.1 所示。

图 7.1　三维网植被修复法

(2) 生态植被毯法。将稻草、麦秸等作为原料制成生态植被毯，在其载体层添加乔灌草植物种子、保水剂、营养土等[109]，根据需要可采用 3 层或 5 层结构，在坡面整理、土壤改良、坡面排水等工程结束后，进行生态植被毯的铺设，植被毯与坡面利用 U 形铁钉或木桩进行固定，毯间要重叠搭接，搭接宽度为 0.1m。生态植被毯如图 7.2 所示。

图 7.2　生态植被毯

(3) 植生袋法。将预先配好的土、有机基质、种子、肥料等装入聚乙烯网袋中,袋的大小厚度随具体情况而定[110],植生袋的尺寸一般为 0.33m×0.16m×0.04m,在有一定渣土的坡面使用。使用时沿坡面水平方向开沟,将植生袋吸足水后摆在沟内。摆放时植生袋与地面之间不留空隙,压实后用 U 形钢筋式带钩竹扦将植生袋固定在坡面上。植生袋如图 7.3 所示。

图 7.3　植生袋

(4) 草皮护坡技术。这种技术不受种子是否容易获得的限制,适合在早期生态坡面建设时广泛使用[111]。其能够快速、有效地绿化坡面,减少水体流失。铺草皮的特点是成坪快,能够快速达到护坡和景观效果,但成本相对较高。草皮护坡技术如图 7.4 所示。

图 7.4　草皮护坡技术

3) 播种技术

播种技术可分为撒播和喷播。种子撒播可采用人工撒播,即采用人工方式将草种均匀地撒播;也可选择机械撒播,机械撒播具体可采用网形镇压播种法,由配置在拖拉机前的撒播机将草籽均匀撒于地表,拖拉机后牵引的网形镇压器将种子压入土壤,并在种子上覆一层虚土。

种子喷播是近几年边坡复绿中的一种创新型播种技术,在实际应用中,主要采用厚层基材喷射技术、客土喷播技术、液压喷播植草技术等工艺。

厚层基材喷射技术是将基材分为三层喷射,每一层的基材物质结构都不同[112]。具体来说,在底层喷种植土,厚度 7～10cm;中间层为多孔混凝土,孔隙中填充肥料、砂浆、保水剂、纤维等,厚度也在 7cm 左右;表层为植物种子和木质纤维等,可创造良好的植物发芽空间,厚约 5cm。厚层基材喷射技术的要点、适用范围、养护管理等都与网格喷播法相似,但其牢固程度相对更高、持续时间更长。

客土喷播技术是指把客土、植物生长肥料、植物种子、黏合剂等材料按照恰当的比例进行配比后,通过在相关设备中进行充分调和,再使用高压喷枪等输送设备均匀喷洒到相关坡面上,使坡面形成一定厚度的便于绿化植物生长的土层[113]。

液压喷播植草技术是指把草种、木纤维、保水剂、植物生长肥料、染色剂等材料与水进行充分混合后,再通过专用喷播机等输送设备均匀喷洒到相应的区域,从而培植出草坪的一种绿化技术[114]。通过这种技术,喷洒出的富含草种和营养生长素的黏性悬浊液,具有很强的黏力和附着力,加上带有一定颜色,在进行喷洒工序时,往往不容易遗漏与重复,从而达到能将草种均匀喷洒到目标位置的效果。

喷播植草治理前后状况对比如图 7.5 和图 7.6 所示。

图 7.5　喷播植草治理前状况

图 7.6　喷播植草治理后状况

4. 固体废弃物处理技术

1) 减量化处理

减量化是通过对已经产生的固体废弃物进行分选、破碎、压实浓缩、脱水等来减少最终处置量，降低处理成本，减少对环境的污染。此外，焚烧也是一种有效的固体废弃物减量化措施，主要用于不适合再利用且不宜直接予以填埋处置的废物，焚烧处理应使用符合环境要求的处理装置，避免对大气的二次污染。

2) 堆置处理

堆置处理就是将固体废弃物堆放到预先准备好的场地上。选择堆置场地应先对地形、地质以及周边环境进行科学分析，尤其需要进行环境影响评价。选择场地要遵循以下几点：保护地下水质，防止地下水因固体废弃物堆放而变质；保护地表水，防止地表水因固体废弃物风化淋蚀而增加负荷；防止风蚀，保证人类安全，防止洪水或地震造成灾害。

3) 填埋处理

填埋处理就是将固体废弃物经过表土采掘、表土储存、废弃物回填并平整、铺垫表土、复垦种植等五个步骤进行处理。在填埋处理时，禁止将有毒有害废弃物现场填埋，填埋场应利用天然或人工屏障，尽量使需处置的废弃物与环境隔离，并注意废弃物的稳定性和长期安全性。填埋处理步骤如图 7.7 所示。

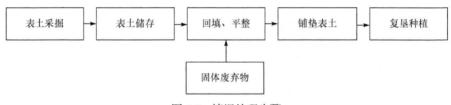

图 7.7　填埋处理步骤

5. 污水处理与再利用技术

干扰区的污水可分为两类：堤防建设过程中产生的废水和长期积蓄下来可利用的雨水。

1) 污水处理技术

污水处理技术分为以下两类：利用水生植物与微生物的净化功能来去除水体中有机污染物及多余的氮、磷等营养物，从而实现水体生态系统的平衡；通过化学修复等方法，利用化学反应吸收水体中的酸碱污染物。

污水的再利用可根据水体受污染的程度进行划分：若水质受污染较轻，经过检测能达到农田灌溉标准，可以用于农田灌溉及生态修复的养护用水；若水质受污染较严重，则必须先进行水质净化处理，在水质达到排放或循环利用的标准后，再进行二次利用。对污水的净化主要是使用水处理设备对其进行净化处理。

2) 雨水收集和循环利用

干扰区中的取土场所在区域若降水量较大且地下水埋深较浅，可采用改造成次生湿地的方法来进行生态修复。坑塘的形态利于收集雨水，而较浅的地下水位埋深则可以在一定程度上保证坑塘中能够存蓄大量积水，因此可将取土场改造为次生湿地。利用收集的雨水补充次生湿地的水源，一方面减少了湿地的维护成本；另一方面能在一定程度上减少土壤污染。

6. 空气污染防治

在容许设置搅拌站的工地，应将搅拌站封闭严密，并在进料仓上方安装除尘装置，采用可靠措施控制工地粉尘污染，例如，利用各种除尘器去除烟尘和各种粉尘，或采用其他物理(如冷凝)、化学(如催化转化)、物理化学(如分子筛、活性炭吸附、膜分离)等方法回收利用废气中的有用物质，使有害气体无害化。

7. 封山育林技术

运用生态学原理，通过保护现有植被、封山育林或营造人工林、灌、草植被，并创造和调节植物生长所必需的土壤、营养、水分和温度等条件，给植被进行定期灌溉，维持植物的生长环境，以此来修复或重建被毁坏或被破坏的林地、草地和其他自然生态系统，恢复其生物多样性及生态系统功能。

封山育林是指对具有萌蘖能力的疏林、无立木林地、宜林地、灌丛实施封禁，保护植物的自然繁殖生长，并辅以人工手段，促使恢复形成森林或灌草。封山育林的目的是遵循生态自然演变规律，最大限度地实现生态的自我修复，尽量减少人类经济活动的干扰。封山育林采取设置围栏的方式，要求下游范围完全封禁，不允许存在牧业活动及其他人为活动[115]。

按照土地类型的不同可将封山育林措施分为以下四种：

(1) 经济林退耕。随着对土地依赖性的减弱，对远山陡坡区域的原有经济林实施退耕封禁，严禁放牧、砍柴、割草、打猎等人为活动和其他农事活动，实现植被自然演替，逐渐形成乔灌草结合、以生态功能为主的植物群落。

(2) 荒坡造林。对立地条件较好的荒山草(灌)坡地，采取水平阶整地，栽植青杨、兴安落叶松等乡土树种，间以紫穗槐、胡枝子等灌木，形成乔灌草相结合的水土保持林。

(3) 残疏林补植。对于人工侧柏疏林和残存的其他疏林地，在进行封禁、防止人畜破坏的基础上，补植适宜树种，促进形成良好的层次结构，提高林分郁闭度和森林覆盖率。

(4) 有林地封禁。对天然次生林和人工林区进行封禁保护，严禁伐木、砍柴、割草、放牧、开荒、打猎等人为活动，加强病虫害监测、防治及防火工作，促进形成以乔木为主体、乔灌草结合、结构合理稳定和功能高效相协调的林分群落。

7.2.3　景观重塑

景观重塑可以看作景观尺度上的生态修复，它以景观单元空间结构为基本单元，在充分认识人为或自然造成破坏以及生态系统损害原因的基础上，依靠生态系统的自我调节功能，并辅以科学合理的工程修复技术，改善规划区的生态环境。

干扰区的景观重塑就是利用现代科技，借助人为改造，对由工程施工引发干扰区的结构性缺损、功能失调的景观及生态的内在结构和功能区域进行规划，最终重建一个以可持续发展为目标的高稳定景观。具体来说，通过相关资料以及现代 3S 技术，了解干扰区景观格局现状，在综合考虑景观格局受损情况、景观布局规划、实际生产生活需要的基础上，将干扰区中不适合耕种、旅游生态遭破坏的环境重塑成为可供复垦、旅游和植被重新生长的新景观，以满足人类生活的需要，从而使干扰区的景观布局和景观价值得到重塑。

堤防建设干扰区景观重塑不能盲目进行，不能照搬国内外景观重塑的模式，每个干扰区的环境因素不同，因此综合考虑黑龙江干流堤防建设干扰区的土地现状及未来建设规划，将其景观重塑分为三部分：地形重塑、水体重塑、植被重塑。

1. 地形重塑

地形重塑是指通过对干扰区原地形的修复改造，合理安排各种景观要素，结合坡度和高程等地形条件合理设计，并处理好水平界面和垂直界面等问题。

1) 地形的处理

大多数设计师将地形设计成简单的起伏变化，而有的设计师则充分利用干扰区地形地貌的特殊性，在尊重原有地形地貌的同时，重塑场地的肌理。

对于垂直界面的处理：配合地形设计分隔空间，运用灵巧变化的手法，多层次地重塑地形，构成复合型的空间。

对于斜界面的处理：斜界面处于从垂直界面到水平界面的过渡段，可以将此类地形重塑成层层叠落的梯田景观，从而在地形设计中起承上启下连接坡面的作用。

对于水平面的处理：水平面是限定游憩空间的主要界面，其实体就是地形地面，对此类地形的处理主要采用地面铺装法，地面铺装处理是加强空间形象的重要手段，除"软性地坪"进行植物配置设计外，还应进行"硬性地坪"的铺砖式铺装设计。例如，岐江公园的景观设计中，采用自然石材和青石铺地，铺装风格干净利落，没有过多修饰。与此同时，这种设计风格也适用于园区直线形的构图。另外，整个公园利用原厂房和宿舍所用的红砖、灰砖铺地，使整个园区的文化意蕴更加浓厚。

在景观重塑设计时可以考虑保留其地表痕迹，并对其进行景观恢复与艺术加工，再将其与周围的自然风光进行有机结合，创造出极富视觉化效果的艺术形式，从而提升干扰区的生态与美学价值。

2) 利用遗留资源重塑地形

以对取土场的利用为例。施工中取土场深挖形成的深坑，通常深度较大，雨后形成大片水池，若不加以治理，将形成安全隐患，同时也破坏生态，浪费大量土地。取土坑的主要改造方式见表 7.2。

表 7.2　取土坑改造方式

类型	改造方式
阶梯形绿化	对深坑挖深垫浅，形成类似梯田结构的地形，乔灌草相结合立体绿化
复垦造田	可以将取土坑进行复垦，改善其地质条件，通过覆土等手段进行土地整理，建设成高标准农田
人工湖建设	对一些天然积水的取土坑进行引水成湖
鱼塘建设	将料坑边坡修整，采取生态防护措施后，修建兼具生产与景观作用的鱼塘
垃圾填埋处理	取土坑通过合理化改造，使其成为垃圾填埋处理的场所，从而解决垃圾占地、环境污染、资源再利用等一系列问题
旅游项目开发	将取土坑独特的景观与各种体现文化内涵的元素相结合，从而形成一个全新的旅游景点

(1) 阶梯形绿化。取土场深挖形成的深坑，可以根据具体地形、地质条件进行挖深垫浅，形成类似梯田结构的地形，每一层水平平台的深度和宽度可以根据地形特点做较大调整，然后进行乔灌草相结合立体绿化。这种方式能较好地防止水土流失，具有最好的水分涵养功能，营造了良好的植物生长环境，同时人为地进行层次分区也能取得更好的视觉效果。

(2) 复垦造田。可以将取土坑进行复垦，改善其地质条件，通过覆土等手段进行土地整理，建设成高标准农田，以缓解我国耕地不足的现状，创造较好的经济和社会效益。

(3) 人工湖建设。这是近年来比较流行的一种生态设计手段，通过对一些有天然积水的矿坑进行引水成湖。德国的科特布斯露天矿区生态园的矿坑，通过从附近河流中引水来提高矿洞内水位，最终形成了一个独特的人工湖景观。

(4) 鱼塘建设。可先将料坑边坡修整，采取生态防护措施后，修建兼具生产与景观作用的鱼塘，增加收益的同时，增强了景观异质性，为水生生物创造适宜的生境，从而增加生物多样性，进而稳定生态系统的发展。

(5) 垃圾填埋处理。取土坑通过合理化改造，使其成为垃圾填埋处理的场所，从而解决垃圾占地、环境污染、资源再利用等一系列问题。加拿大的蒙特利尔市将一个废弃矿坑改造成一个综合性垃圾处置场。

(6) 旅游项目开发。结合城市景观建设需要，可将取土场开发成雕塑、地质公园、游乐场所、生态廊道以及野生动物栖息地等游览观光景点。

图 7.8 为深坑开发效果图。

图 7.8　深坑开发效果图

2. 水体重塑

干扰区中的水体可分为两类：一类为建设过程中遗留下来的废水，另一类为可利用的长期积蓄下来的雨水。

废水中含有害物质，对环境破坏较大，可利用现代科学技术手段，对水体进行重塑，呈现新的水体景观。例如，利用生态系统的自净能力，通过设置坡道和雨水可下渗的地表，让废水自清净化，就可以把污水道改造成为一条清澈的生态河；通过连接区域内各个分散的积水坑，可形成大面积的湖面，通过引入处理后的废水来进行水源补充，使取土场下沉区变成公园。

取土坑附近若有客水，可以通过引注客水的方式把区域内的取土坑改造为小面积的蓄水坑塘，一方面可创造更加丰富的人造景观；另一方面可以利用多雨季节蓄积雨水为后期的绿化种植供水。在水体重塑过程中，应尽量减少水资源的消耗。

3. 植被重塑

植被重塑对堤防建设干扰区的景观再造有重要意义，重塑后的植被既可以改善区域内的生态环境，调节区域内的微气候，也可以打造出优美的景观，起到柔化协调建筑、构筑物等硬质景观的作用。植物作为一种重要景观的造景元素，在干扰区景观设计中占据重要地位。在干扰区的植物景观设计中，应根据修复目的、立地条件和植物品种的特性，坚持以恢复生态为主，突出特色景观。

干扰区多为硬质线条的景观，尤其是旧的建筑物、建筑设备以及裸露的土石。植物作为干扰区中具有生命力的造景元素，要想将这种硬质景观重塑成可亲近的宜人空间，就需要借助植物元素的设计，对硬质景观进行修复，进行很好的柔化和协调。植物景观的柔化设计具体体现在：对道路、地坪、广场、挡墙、景墙的柔化设计；与构筑物、建筑物的搭配组合造景；对景观不佳地段的遮挡与修复。

边缘柔化处理：巧妙地用植物造景来模糊建筑物等硬质界面的边界，通过运用植物的线条、姿态、色彩可以使建筑的线条、形式、色彩相得益彰。

色彩柔化处理：在植物设计中，注重植物色彩搭配，考虑四季景观，为干扰区重塑更好的景观效果。

立体化处理：在取土坑等裸壁前面，栽植攀援植物形成垂直或水平的景观带，可以增添几分生气。

图 7.9、图 7.10 为植被重塑的两种景观示例。

图 7.9　裸崖处的攀援植物

图 7.10　改造成花园

7.3　生态修复模式

通过借鉴已有生态修复理论与实践研究的经验和做法[116]，综合考虑黑龙江干流堤防建设干扰区的特点，提出四种生态修复模式：植被立地条件修复模式、植物群落修复模式、生态经济模式和景观生态模式。

7.3.1　植被立地条件修复模式

植被的立地条件主要包括水、土壤、无机元素、化合物等，还包括联系非生物成分和生物成分的有机物质。植被立地条件是生态系统的重要组成部分，也是生物成分赖以生存的基础。植被立地条件修复模式旨在清除对植被立地条件造成危害的干扰，通过采用人工措施，对不具备植被生存条件的区域进行改造，改善和提升非生物成分的性质及质量，创造出供植被生存的条件，从而对生态系统进行修复。

植被立地条件修复模式认为造成生态系统功能退化的原因是生态系统受破坏的程度超过了生态系统的承受能力和恢复能力，形成恶性循环，降低了水体、土壤及其他非生物成分在循环中的功能，甚至导致生态系统功能完全丧失。生态修复是生态退化的逆过程，修复植被的立地条件，即修复非生物成分的健康功能，就等于为生物成分创造了良好的生存环境，可实现生态系统功能的恢复，从而促进生态系统的健康与稳定。

黑龙江干流堤防建设干扰区的生态修复需要标本兼治：一方面需要治理好现存的植被立地条件破坏问题(末端治理)；另一方面也需要从源头上防止人类活动对干扰区产生过大的干扰(源头控制)。对于植被立地条件修复模式的末端治理，不同的生态修复技术适用性存在差异，因此关键在于如何针对不同区域的条件，综合考虑成本、效果等因素选择最为合适的生态修复技术，并辅以必要的植物修复措施。不同的生态修复技术有土壤改良模式、液压喷播模式、生态植被毯模式、植生袋模式、挂网客土喷播模式、土工格室模式。对于植被立地条件修复模式的源头控制，则可通过封山育林模式予以保证。末端治理和源头控制是复杂的系统工程，技术治标，理念治本，不能只在技术上做处理，还要加强管理，从根本上解决问题，两者结合，方可标本兼治。

1. 土壤改良模式

对受干扰较重的黑龙江干流堤防建设干扰区，除地表植被受破坏外，土壤的理化性质也受到了一定程度的影响，而只有土壤的团粒结构、酸碱度和持水保肥能力得到相应的恢复，地表植被的恢复才能进行，因此需要先对干扰区的土壤进行修复。

土壤改良模式在应用时主要包括以下步骤。

1) 土地平整

干扰区面积较大时，可采用 74kW 推土机进行土地平整，即对影响植物生长发育的岩石、树桩等杂物进行清除，并消除土地不同位置的高差，土地平整后形成 1%~2% 的自然坡度，结合开挖排水沟等方法防止积水。干扰区面积较小时，可利用锄头等工具进行人工平整。若堤防盖重压渗区的土地平整度与排水条件良好，且无明显沟壑及杂物，则可直接进行土壤翻耕。

2) 土壤翻耕

土壤翻耕深度约 35cm，以改善土壤通透性，消除土壤板结，改善土壤结构，大面积的土壤翻耕可用旋耕机完成，对于翻耕受限的地区可利用铲子等工具人工完成。翻耕应在土壤不干不湿的状态下进行，土壤太干，则耕作阻力大；太湿则会黏机械，操作不便，且土块不易破碎。翻耕的时间应根据天气与土壤情况确定，对于土壤太干的地区可适当洒水，使土壤达到适宜翻耕的状态。

3) 土壤改良

土壤改良是土壤污染控制与恢复的重要手段，能为植被提供生长所必需的有机质、酸碱性等条件。土壤质地可使用泥潭、农糠、秸秆、人畜粪便等进行改良，使土壤疏松、肥力提高，秸秆、农糠等覆盖 3～5cm，经旋耕拌和至土壤中。对于土地特别贫瘠，植物立地条件较差的地区可使用人工合成土壤改良剂(如聚丙烯酰胺)及生物土壤改良剂(如丛枝菌根)对土壤进行改良。对于裸露的岩石或植物立地条件恶劣的区域，则需采用客土的方法，为植物生长创造条件。土壤酸碱性调节则根据土壤的不同条件，对于酸性土壤可施加石灰和碳酸钙粉，碱性土壤施加石膏或明矾来进行调节。

2. 液压喷播模式

对于坡度较缓、修复面积较大的黑龙江干流堤防建设干扰区，可采用液压喷播法进行生态修复。该方法的具体步骤为作业面清理、材料拌和及喷播、覆盖无纺布以及养护管理。

1) 作业面清理

清除坡面上的杂草、草根、坡面垃圾等不利于草籽生长的杂质，之后人工用铁耙将坡面耙平，使坡面有利于草籽、肥料挂载。

2) 材料拌和及喷播

按配方将种子、肥料、木纤维、保水剂、黏合剂、促绿剂等加水拌和，用喷播机均匀喷洒在坡面上。

3) 覆盖无纺布

在喷播完成后盖上无纺布，以减少因强降水量造成对种子的冲刷，同时也减少边坡表面水分的蒸发，从而进一步改善种子的发芽、生长环境。30～45 天后待草苗长到一定高度时揭布。由于选择了适合当地气候、土壤条件及高速公路粗放型管理的灌木种及草种，成坪后一般不需要人工养护管理，若天气长期持续干旱则应适当予以浇水养护。

4) 养护管理

根据土壤肥力、湿度、天气情况酌情追施化肥并洒水养护。洒水必须采用喷洒的方式，不可直流冲击，避免撒播的草籽移位。

3. 生态植被毯模式

对边坡坡度较小且受干扰严重的黑龙江干流堤防建设干扰区，除地表植被与土壤的破坏外，地形也被破坏，出现了陡坡等植物难以定植的地形，通过采用生态植被毯等一些坡地生态修复措施，实现坡地生态快速有效地恢复。

生态植被毯模式在应用时主要有以下步骤。

1) 边坡整理

边坡整理是生态植被毯铺设的基础工作。清除坡面上的杂草、草根、坡面垃圾等不利于草籽生长的杂质，之后人工用铁耙将坡面耙平，使坡面有利于草籽、肥料挂载。

2) 植被毯铺设

植被毯铺设应从坡顶填埋层开始由上往下顺平摊开，坡面顶端处用U形铆钉固定在坡面上，头尾搭接处缝合或用铆钉固定，搭接时新铺设层要放在下面，铆钉要使用U形铆钉。植被毯铺设要求与坡面的接触良好，不可有空鼓现象。

3) 草种定植

在植被毯铺设完成后，需根据坡面的具体情况选择草种定植的方式，即根据具体的坡度以及植被毯的面积选择草种撒播与草种喷播。对于面积大且坡度陡的坡面采用喷播方法：浇水后，将处理好的种子与纤维、黏合剂、保水剂、复合肥、缓释肥、微生物菌肥等，经过喷播机搅拌混匀成喷播泥浆，在喷播泵的作用下，均匀喷洒在处理好的坡面上，形成均匀的覆盖物保护下的草种层。对于面积小或坡度较浅的坡面采用草种撒播，将草种与有机肥土壤等混合后进行撒播。在草种撒播后，还应覆土，厚度为2～3mm。

4) 养护管理

在植被毯铺设后需进行养护管理。根据土壤肥力、湿度、天气情况酌情追施化肥并洒水养护。洒水必须采用喷洒的方式，不可直流冲击，避免撒播的草籽移位。

4. 植生袋模式

对位于边坡坡度较大且稳定性较差的取土场，可运用植生袋模式对其进行修复，实现生态修复的同时增加边坡稳定性。

植生袋模式在应用时主要有以下步骤。

1) 堑顶截流引排

为了减少雨水对坡面造成面蚀和沟蚀，同时减少坡面集水对取土场的冲刷，在距离开采边界线 5.0m 处设截流排水沟，将坡顶以上来水引至两侧，再顺坡排至自然河道或积水区中。截流沟底宽 0.5m，深 0.6m，采用半填半挖断面水沟，截面用草皮护壁。此外，修建挡水埂，避免雨量过大时对坡面造成冲刷。

2) 边坡削坡

对于坡度较大的取土场边坡进行削坡处理，削坡后坡比小于 1∶1.5。削坡施工的工序为：测量放线→机械削坡→人工削坡→边坡检查、处理与验收。

3) 植生袋安装

边坡削坡平整后进行植生袋的安装，具体施工步骤为打桩、装袋、铺设。打桩要在贴近挡渣墙内侧挖沟，沟深 0.8m，然后安置立桩，立桩间距为 0.55m，回填土并压实，利用横杆将立桩连接并固定。装袋要将处理好的种子与纤维、黏合剂、保水剂、复合肥、缓释肥、微生物菌肥等搅拌混匀装入植生袋中。铺设时需要自下沿坡向上铺设。第一排植生袋按纵向铺设，并顶紧木桩，第二排向上按横向铺设并压实，每两层植生袋的铺设位置呈品字形结构，如有空隙则需用土填平并压实，坡顶最后一排植生袋按纵向铺设。

4) 养护管理

安排养护工作人员全年进行养护管理，绿化、养护管理工作需要一年四季不间断地进行。其内容有浇水排水、病虫害防治、防寒等。

5. 挂网客土喷播模式

对坡度很大且不易削坡分级的黑龙江干流堤防建设干扰区，生态修复可采用挂网客土喷播模式。挂网喷播能在一定厚度范围内增加保护性能和机械稳定性能，能限制冲蚀引起的逐渐破坏，还能减少边坡土壤水分的蒸发。

挂网客土喷播模式在应用时主要有以下步骤。

1) 三维网固定

三维网又称固土网垫，以热塑性树脂为原料，经挤出、拉伸等工序形成上下两层网格经纬线交错排布黏结、立体拱形隆起的三维结构，具有很好地适应坡面变化的贴附性能。

在对坡面进行细致整平后，进行铺网，剪裁长度应比坡面长 1.3m，让网尽量与坡面贴附紧实，网间重叠搭接 0.1m，采用 U 形钉或聚乙烯塑料钉在坡面上固定三维网。

2) 基质喷播

在底层喷种植土，厚度 7～10cm；中间层为多孔混凝土，孔隙中填充肥料、砂浆、保水剂、纤维等，厚度也在 7cm 左右；表层为植物种子和木质纤维等，创造良好的植物发芽空间，厚约 5cm。厚层基材分层喷射法的技术要点、适用范围、养护管理等都与网格喷播法相似，但其牢固程度相对更高、持续时间更长。

3) 草种喷播

草种喷播是指把草种、木纤维、保水剂、植物生长肥料、染色剂等材料与水进行充分混合后，再通过专用喷播机等输送设备均匀喷洒到相应区域，从而培植出草坪的一种绿化技术。通过这种技术，喷洒出的富含草种和营养生长素的黏性悬浊液，具有很强的黏力和附着力，加上带有一定颜色，在进行喷洒工序时，往往不容易被遗漏与重复,从而达到能将草种均匀喷洒到目标位置的效果。

4) 养护管理

安排养护工作人员全年进行养护管理,绿化、养护管理工作需要一年四季不间断地进行。其内容有浇水排水、病虫害防治、防寒等。

6. 土工格室模式

对于坡度较大且边坡稳定性较差的黑龙江干流堤防建设干扰区,可采用土工格室喷播的方法进行生态修复。

土工格室模式在应用时主要包括以下步骤。

1) 作业面清理

首先人工进行坡面浮石、浮土的平整处理,在处理坡面较稳定的基础上,坡面下端砌筑挡渣墙,防止滑坡。

2) 土工格室固定

利用钢制铆钉在坡面固定高强度聚丙烯土工格室,每平方米钉 4 根钢制铆钉,长度外露 15cm 左右,人工进行钢制铆钉和土工网的固定,构成具有高强度的三维网格结构体。

由于土工格室形成了立体孔状结构,深度为 10～15cm,促进了土壤搭桥现象的形成,并分解了承载土壤重量,而且产品为高分子聚合物,具有耐酸碱、抗氧化、抗紫外线、抗拉伸、没有水溶性等特性,很大程度上稳定了土壤结构。

3) 普通喷播

草本植物种子在喷播前需浸种 1～2h,使种子吸水湿润。将掺有黏合剂、保水剂、种植土、草炭土、植物种子和有机肥料的基质利用机械进行喷播,并覆盖遮阳网,使植物迅速扎根生长,修复坡面的植被生态。

4) 养护管理

安排养护工作人员全年进行养护管理,绿化、养护管理工作需要一年四季不间断地进行。其内容有浇水排水、施肥、病虫害防治、防寒等。

7. 封山育林模式

对生态修复过程中易受到人类活动影响的黑龙江干流堤防建设干扰区,还应采取封山育林措施进行修复。封山育林措施符合生态自然的演变规律,可以最大限度地实现生态的自我恢复,减少人类活动对生态修复的干扰。

封山育林模式在应用时主要包括以下步骤。

1) 围栏工程

为防止堤防干扰区周边动物进入复垦场地而对草地植被进行破坏,影响植被的恢复效果,在复垦场地周围设置铁丝网围栏。围栏设计防护高度为 1.20m,设计材料为钢筋硅桩加刺铁丝。

2) 指示牌工程

在封山育林区内的交通路口、沟口、梁峁等地段设立工程标志牌与固定警示牌，并标明封山育林四至边界、面积、年限、类型、方式、措施等内容。

3) 灾害防治措施

按照"预防为主、因害设防、综合治理"的原则，采取在封山育林区分别设立病、虫、鼠、兔等灾害的预测预报点等预防措施，防止灾害发生，并做好发生后的防治工作。

4) 组织实施措施

建立健全封山育林区组织，形成封山育林区管理队伍，制定封山育林制度，建立封山育林区与毗邻地区的联防体系，健全封山育林区承包责任制。

5) 宣传措施

加强对封山育林区周边居民的宣传，让人民了解封山育林的作用及重要意义，让广大群众了解封山育林措施，增加群众的参与度。

6) 建立封山育林区档案

封山育林区档案包括封山育林区的植被状况、封山育林区的长期规划以及历史采用的封山育林措施，有计划地对封山育林效果进行调查，包括林下植被演替、枯落物层积累、水土保持效益、经济效益等，了解幼苗、幼树的生长状况和幼林的发展情况，以便正确地制定育林措施，可以通过设置样地进行定期观测实现。

7.3.2　植物群落修复模式

植被在生态系统中占有极为重要的地位，从枝叶到地下的根系，植被都体现了其重要价值，且在生态修复实施中，植被的恢复为主要目标之一。该模式基于修复植物群落生境，为动物和微生物提供生存和发展环境的理念，通过修复植物群落，从而修复植物群落生境，增强生态系统自我恢复能力，实现生态系统的修复。

植物群落除了具有重要的水土涵养功能外，还可以进行光合作用，为其他生物提供食物，并通过植物降解、根滤作用、辅助修复作用、萃取和植物固定等功能，分解、吸收、挥发、浓集和沉淀土壤中的重金属污染物及其他有毒污染物质，最终达到治理土壤重金属污染，改良土壤质量，改善人们生活环境的目的。

植物群落修复模式重在增加植被覆盖度，提升生物量，恢复青山绿水，黑龙江干流堤防建设干扰区植物群落按照复垦方向的不同主要分为耕地、草地和林地。这种模式通过植被的空间布局和物种选择，以改良土壤肥力，修补受损空间，优化空间结构，修复生物栖息地和生物多样性，增强水土保持能力和污染抵抗能力，并维持稳定，为人类活动持续提供服务。

按照恢复植物群落的不同可具体划分为三种：耕地群落恢复模式、林地群落恢复模式、草地群落恢复模式。

1. 耕地群落修复模式

对所受干扰较轻且适宜复垦方向为耕地的黑龙江干流堤防建设干扰区，在水平犁沟整地后，采用种植绿肥的方法进行修复。干扰区内仅地表作物受到破坏，地形、土壤等自然地理条件未明显变化，灌溉、排水等基本条件良好。

耕地群落修复模式在应用时主要包括以下步骤。

1) 水平犁沟整地

在整地工作中，整理地形、翻地、去除杂物碎土、耙平、填压土壤等应根据各种不同的情况进行：对坡度 8°以下的平缓耕地或半荒地可采取全面整地，根据植物种植必需的最小土层厚度要求，通常多翻耕 30mm 深度，以利于蓄水保墒；对于重点布置地区或深根性树种可翻耕 50cm 深度，并施有机肥，借以改变土壤肥性。平地整地要有一定倾斜度，以利于排出过多的雨水。

工程场地和建筑地区常遗留大量灰渣、砂石、砖石、碎木及建筑垃圾等，在整地之前应全部清除，并将因清除建筑垃圾而缺土的地方，换成肥沃土壤。因为地基夯实，土壤紧实，所以在整地的同时应先将土壤挖松，并根据设计要求处理地形。种植地的土壤含有建筑废土及其他有害成分，如强酸性土、强碱性土、盐碱土、重黏土、沙土等，均应根据设计规定，采用客土或改良土壤的技术措施。

低湿地区挖排水沟，降低地下水位，防止返碱。通常在种植前一年，每隔 20m 左右就挖出一条深 1.5~2.0m 的排水沟，并将挖起来的表土翻至一侧培成成台，经过一个生长季，土壤受雨水的冲洗，盐碱减少，杂草腐烂，土质疏松，不干不湿，即可在成台上种植绿肥。

在一般情况下，应提前整地，以便发挥蓄水保墒的作用，并可保证种植工作及时进行。一般整地应在种植前 3 个月以上的时期内(最好经过一个雨季)进行，如果现整现栽，效果将会大受影响。

2) 绿肥种植

选用生长期短、生长迅速的绿肥品种，如绿豆、乌豇豆、柽麻、绿萍等。这种方式的好处在于能充分利用土地及生长季节，方便管理，多收一季绿肥，可以解决下季作物的肥料来源问题。

绿肥在施用时有以下方法：直接还田，肥料腐烂时间长，影响下茬作物播种、保苗；腐熟还田，效果良好，但费时费工，操作麻烦；炭化还田，既能减少碳排放，又能改良土壤效果；生物反应堆，腐烂时间较长，比较适合于保护环境。

有机肥主要是指来源于植物和动物，施于土壤，以提供植物营养为主要功能的含碳物料。有机肥一般由生物物质、动植物废弃物、植物残体消除原料中的有毒有害物质加工而成，富含大量对植物生长有益的物质，如多种有机酸、肽类以及包括氮、磷、钾在内的丰富的营养元素。不仅能为农作物提供全面营养，而且肥效长，可增加和更新土壤有机质，促进微生物繁殖，改善土壤的理化性质和生物活性，是绿色食品生产的主要养分。

有机肥生产以及无害化处理的方法采用生物堆腐法，在农业和环境保护方面用途广泛。该方法利用了由光合细菌、放线菌、酵母菌和乳酸菌等组成的好氧和厌氧有效微生物群(effective microorganisms，EM)，具有除臭、杀虫、杀菌、净化环境和促进植物生长等多种功能，用于将人、畜粪便处理为堆肥，可以起到无害化作用。

2. 林地群落修复模式

对于所受干扰较轻且适宜复垦方向为林地的黑龙江干流堤防建设干扰区，采用乔灌草搭配的措施进行修复。乔灌草搭配能在短时间内重建生态系统结构，修复生态系统功能，快速恢复干扰区景观。

林地群落修复模式在应用时主要包括以下步骤[117]。

1) 种植穴、槽挖掘

种植穴定点时应标明中心点位置，种植槽应标明边线定点标志、标明树种名称、规程。穴、槽的规格应视土质情况和树木根系大小而定。树穴直径和深度，应较根系和土球直径加大 15～20cm，深度加 10～15cm。树槽的宽度应在土球外两侧各加大 10cm，深度加 10～15cm，如遇土质不好，需进行客土或采取施肥措施的应适当加大穴槽规格，在渣石多的地块，适当利用渗水膜衬在穴内以防治水土流失，注意渗水膜不要封严穴壁，以防积水烂根。挖种植穴槽应垂直下挖，穴槽需平滑，上下口径大小要一致，挖出的表土、底土，好土、坏土分别放置。底部应留一土堆或一层活土。

植物生长所必需的最低种植土层厚度应符合表 7.3 规定的厚度。

表 7.3　不同植被类型最低种植土层厚度

植被类型	草坪地被	小灌木	大灌木	浅根乔木	深根乔木
土层厚度/cm	20	30	40	60	80

对草坪花卉种植地、播种地应翻耕 25～30cm，搂平耕细，去除杂物，施足基肥，平整度和坡度应符合设计要求，种植大树时若土层厚度不够，要将个别种植大树的地方进行换土。

2) 苗木种植

选择合适的乡土树种，采用群落构建技术，通过乔木、灌木与草本的组合，加快生态系统结构的恢复速度。乔木与灌木的种植时间选在春季，土壤解冻深度达 0.5m 时方可进行。苗木的选用需符合标准，即发育良好、根系完整、顶芽饱满、无病虫害、无机械损伤。

苗木种植前应进行苗木根系修剪，宜将劈裂根、病虫根和过长根剪掉，并对树冠进行修剪，保持地上和地下平衡。种植带土球树木时，必须拆除不易腐烂的包装物，种植时根系必须舒展，填土应分层踏实，种植深度应与原种植线一致。

种植时首先提早种植裸根乔木和阔叶灌木，再种植常绿乔木、花卉植物和地被草坪。由于此工程种植量较大，主要苗木在春季前完成种植，部分苗木可在雨季二次生根期种植。

新植树木应及时做好支撑工作，立支柱采取三支柱法，支撑牢固，支柱立于土堰以外，深埋 20cm 以上，将土夯实，支柱的方向均迎风。树木绑扎处应垫软物，严禁支柱与树干直接接触，以免磨坏树皮，支柱立好后树木必须保持直立，防止因浇水、刮风造成植株偏移、根系松动及树干损伤，在支撑好后当日浇透第一遍水，以后应根据当地气候情况及时补水，种植后浇水不少于三遍。

3) 草种撒播

选用合适的草种，选择优良草籽，不得含有杂质，播种前进行发芽试验和催芽处理，撒播密度 80kg/hm²。播种时先浇水浸地，保持土壤湿润，稍干后将表土层耙细耙平，进行撒播，均匀覆土 3～5mm 后轻压，盖网，然后喷灌。

4) 养护管理

安排养护工作人员全年进行养护管理，绿化、养护管理工作需要一年四季不间断地进行。养护内容有浇水排水、施肥、中耕除草、整形与修剪、病虫害防治、防寒等。

(1) 浇水排水。新栽苗木由于蒸腾量大，为了保持地上、地下水分平衡，促其生根，必须经常浇水，使土壤处于湿润状态。在天气干旱时，还需向树冠和枝干进行喷水。特别是根据植物生长需要，在不同时间浇灌保活水、生长水、冻水，以保证植株正常的生长需要。对于新栽苗木，在 5～9 月每月至少浇 1～2 次水。若给植株施肥，施肥后应立即浇水，促使肥料渗透至土壤内成水溶液状态，由根系吸收，同时降低肥料浓度而不致烧根。冬季在封冻前浇一次冻水。排水主要集中在每年 7 月和 8 月。当绿地出现积水时应及时排水。

(2) 施肥。由于花卉苗木的生长需要不断补充养分，给苗木施肥可以有效地解决苗木养分不足的问题。氮肥应在春季发芽，生长旺盛之际施入；花芽分化时期应多施磷肥；秋季应加施磷肥、钾肥，停施氮肥。施肥后需立即浇水。

(3) 中耕除草。中耕除草有利于根系生长。杂草消耗大量的水分和养分，影响植物生长，同时会传播各种病虫害。对绿地内的杂草要经常去除。除草本着"除早、除小、除了"的原则。春夏季要除草 2 次或 3 次，切勿让杂草结籽。除草经常结合中耕进行，也可用除草剂进行灭草。中耕除草应在晴天进行。

(4) 整形与修剪。树木的整形与修剪可常年进行，如抹芽、摘心、除蘖、剪枝等，但大规模的修剪在休眠期进行为好，以免伤流过多，影响树势。剥芽修剪是在树木萌发后，树干树枝上会萌发出许多芽、幼枝，影响树冠形状，并消耗大量养分，必须把这些萌蘖芽、幼枝及时进行修剪。

树枝分叉影响树冠长高、长大。特别是花灌木的修剪更为必要，要控制好修剪长度，使整体树形、大小一致。以美化株形、高整平衡、增加长枝、提高种植成活率。

修剪树木的工具必须锋利，使剪口平滑，剪口边缘应尽量靠近干节，否则会使枝上留下死结。但也不能太深，太深常会在树干形成树孔，应以剪口切面与树干保持平行并接近在同一平面上为好。大的树枝锯去后，要在剪口上涂抹油漆或防腐剂。

(5) 病虫害防治。绿化植物在生长过程中经常遭到各种病虫危害，因此会影响植株的正常生长和观赏效果。组织专人定期查看树木外表和生长情况，及时发现病情，诊断病因，尽早处理。可使用百菌清、代森锰锌，从 5 月上旬至 10 月中旬每月一次；在 6~9 月的高温季节使用粉锈宁，每半月一次；辛硫磷、呋喃丹交错使用，每月一次，用来杀死地下害虫等。对于松梢螟，应及时剪除病枝焚烧。在 6~8 月，对于千头椿等蛀干害虫，可用辛硫磷涂于树干表皮，再用塑料袋缠紧，起到熏蒸、触杀扑灭的作用。

(6) 防寒。加强栽培管理，增强植株的抗寒能力。早春及时浇水，降低土温，推迟植株的活动期，使植株免受冻害；冬季前，用稻草或草绳将树干包裹起来，涂白，搭风障。

3. 草地群落修复模式

对所受干扰较轻且适宜复垦方向为草地的黑龙江干流堤防建设干扰区，采用撒播草籽的方法进行修复。干扰区内地表草本植物受到破坏，地形、土壤等自然地理条件未明显变化，灌溉、排水等基本条件良好。

草地群落修复模式在应用时主要包括以下步骤。

1) 草种撒播

草种撒播在春季进行，选择优良草籽，播种前首先对不同草种进行称量，浸水 1~2 天进行发芽试验和催芽处理后，按比例混合搅拌。播种可采用撒播机撒播或人工撒播：撒播机撒播具体可采用网形镇压播种法；人工撒播则是在拌种后人工直接撒播，其对于机械撒播受限制的区域是较好的补充。在播种后，可用无纺布、作物秸秆和地膜等覆盖，稳固种子，防止下雨时将种子冲刷流失，防止鸟兽采食种子。覆盖后立即浇水，应用雾化状的喷头喷灌。

2) 养护管理

在植被定植后进行养护管理。养护管理通常包括追肥与灌溉。在草种生长的叶片达到 2～3 片时，可追肥 1 次，施用尿素 80kg/hm²，可以使草坪累计生长量提高近 20%；灌溉应利用喷灌强度较小的喷灌系统，最好使用雾化状的喷头，灌水应持续到土壤 2.5～5cm 完全湿润，温度过高时不宜浇水，以早晚浇水为宜，多雨区少浇水，防止土壤过涝。

7.3.3　生态经济模式

生态经济模式是指运用循环经济的原则，使一个系统产出的污染物能够成为本系统或另一个系统的生产原料，从而实现废弃物资源化，形成社会-经济-自然复合生态系统。通过转变经济发展的方式，在实现社会经济发展的同时，促进生态系统功能逐步恢复。

生态经济模式能够在强化环境资源有价的同时实现生态资源的经济价值，能够在发挥生态环境价格机制的过程中缓和区域生态与经济发展之间的矛盾，从而提高区域经济和社会发展的协调性。

在生态修复过程中，可构建农-渔-牧、草-畜-沼气、乔-灌-草-沼气等生态经济模式，在预防和减少农村污染问题的同时，一定程度上解决了焚烧秸秆、粪便污染及过度施肥的土质恶化问题，不仅实现了废物资源化、无害化，还实现了经济、社会、生态的和谐发展。

1. 农-渔-牧生态经济模式

可将取土场改造为池塘养鱼，夏季雨量较大时，将取土场周边农田的涝水，通过排水沟排至池塘；干旱时，则可通过池塘储存的水灌溉农田。通过取土场对雨水的蓄丰补枯，在一定程度上解决农田的旱涝问题。农田在修复初期，先种植绿肥，经过 2～3 年修复，即可改种普通的农作物。鱼塘养鱼选择生长期短的鱼苗混养，成熟后的鱼可作为产品出售，也可供农户自己食用，畜牧群的粪便可以肥田肥塘，田间的作物可以饲养畜牧群，塘底的淤泥用于返田。该模式建成后，可在鱼塘、种植业、畜牧业之间形成物质和能量的良性循环利用，不仅解决了农业、牧业、鱼塘的废弃物，还调节了田间小气候，极大地改善了生态环境；在原有单一种植业的基础上增加了水产养殖和畜牧养殖，使原来仅能生长极少农作物的脆弱型生态链发展成为农、渔、牧多种生物系统构成的经济生态链。

2. 草-畜-沼气生态经济模式

畜牧业可以将生态修复过程中价格较低的草本植物转变为饲料喂养牲畜，生产出价值较高、可供人类食用的禽畜产品，并且将畜牧业产生的粪便还田，有效促进农业绿色发展。该生态经济模式根据草料、沼气、禽畜等资源各自的特点，将它们结合在一起，形成以粪便为肥源，以沼气为能源，生态修复和畜牧业协调发展的生态经济模式。沼气池把草种叶片、牲畜粪便等废弃物完全发酵，不仅能杀死其中的病虫害，还可以将产生的沼气作为生活能源；发酵后的沼液、沼渣可以当作农业肥料使用，不但能遏制化肥的使用，还能提高土壤质量，生产出无公害的绿色农产品。

3. 乔-灌-草-沼气生态经济模式

乔灌木的枝叶及草的叶片加工后可作为沼气发酵的原料，进入沼气池发酵，循环再生的有机肥料可以用于农田，提高土壤肥力，也可为乔灌草地提供绿色肥料，构成营养物质的循环模式。

7.3.4　景观生态模式

在生态修复时，景观生态模式侧重于修复自然景观的完整性、景观布局的合理性和景观生态的适宜性，突出地域特色。在进行景观设计时，遵循自然，充分利用已有的自然景观，避免人为设计与自然脱节，而是将自然之美与人工之美融为一体。

景观生态模式立足于黑龙江干流堤防建设干扰区的自然环境,从功能性出发，通过生境设计与营造，构建观赏性植物群落，创造出具有地域特色的景观。可根据干扰区堤防景观设计为主题公园等，既能体现四季交替的时间尺度变化，也能在空间结构方面体现出堤防的景观特征。

7.4　草　种　选　择

干扰区生态系统修复和重建必须遵循生态系统的演替规律，在长期适应和改造环境过程中，生态系统中的生物形成了各自特有的相互作用机制。草类作为生态演替前期的对策型生物，具有适应恶劣生态环境、生活周期长、繁殖系数高等特点，是修复植被、改善生态环境条件的先锋物种[118]。按植被演替规律，对于条件较差的裸地，往往首先占据的是一年生草类，然后是多年生草类和灌木，待水分和养分条件改善后，才能形成以乔木为主体的森林。因此，遵循生态系统演替规律，根据不同区域、不同环境的自然社会条件，选用不同草种，以便用最节省的投入迅速修复和重建生态系统，是生态修复的重要组成部分。

7.4.1　草种选择原则

1. 生态效益最大化原则

干扰区应尽可能选用乡土草种，以防止外来物种入侵对该地区物种多样性的破坏。在选择草种时，为防止水土流失，应选用根系发达且能迅速绿化并覆盖的植物品种。此外，还应遵循生态学原理，选择深浅根、疏密生、养分吸收互补的草种组合，减少种间竞争造成的不稳定性。生态修复是一项长期的工程，构建的草地应具有层次丰富的特点，能兼顾近期、中期、远期效果。

选择的草种还应能修复和改善区域的景观环境，绿化美化堤防沿线环境，改善区域环境，提高环境质量。选择草种时，除考虑恢复自然景观外，也可适当选用当地特有的草本植物，可以使群众通过植物景观感受当地地域性或民族性的独特自然条件和文化氛围。

2. 生境可容性原则

干扰区的生态修复是一项系统工程，应做到因地制宜，充分了解研究区域的土壤、气候等环境条件，选择适宜相应条件的草种互相搭配，对不适应研究区域条件的草种进行排除，以确保生态修复方案切实可行。

3. 经济实用性原则

由于干扰区受到干扰的范围很大，生态修复方案中需要大量的草种。因此，在草种选择时应考虑成本问题，做到以最低的成本实现最好的修复效果。为增加群众的参与度，选用的草种还应具有一定的经济价值。此外，草种还应具有易于施工、易于成活和养护的特点，从而降低施工、养护和补植成本。

7.4.2　草种选择步骤

(1) 对研究区域的环境进行详细调查和研究，找出环境因子中的有利和不利因素，根据已确定的草种选择原则，基于《东北草本植物志》中对草种的描述，从乡土物种中挑选出十种草本植物[119-121]。

(2) 构建草种评价指标体系，并对选出的十种草种进行评价，得出不同草种在不同气候带的适应性，排序后即可得到各气候带最为适宜的三种草本植物。

(3) 对选择的三种草本植物进行种植试验，确定草种数值模拟的相关参数，并验证选择草种的生态修复效果。

(4) 选用作物生长模型(world food studies，WOFOST)对三种草种在不同气候带上的生长情况进行数值模拟，得到各气候带草种的叶面积指数(leaf area index，LAI)、存活叶片干重以及地上总产量。

7.4.3　草种适宜性评价

正确的草种选择是草地生态修复的基础，而不恰当的草种选择会引发许多其他的问题，如杂草、病虫害、增加养护管理成本等，甚至使生态修复失败。草种选择需要考虑许多因素,其中最重要的是对草坪质量的要求、草坪草生态适宜性、抗病虫害能力以及所能承担的预算或能达到的养护管理强度。草坪植物与环境要素之间的关系影响草地生态修复和养护的许多方面,因此要想获得优质的草坪,同时又尽可能地降低成本,不仅要对草坪植物本身的生物学特性有深入的了解,也必须对草坪植物和生态环境之间的关系有深入的认识。获取这些资料的有效方式之一就是草种适宜性评价。

1. 构建评价体系

草种适宜性评价在构建指标体系时参考了已有的草坪质量评价[122-125]。草坪草种和品种的评估是一个困难且复杂的问题,通常是基于视觉估计因素的主观过程,如颜色、密度、草坪纹理、均匀性和质量。草坪质量是美学(即密度、均匀性、质地、平滑度、生长习性和颜色)以及功能用途的度量。此外,还要考虑草种的成本与价值,确保在生态修复时实现成本最低化以及综合效益最大化。

国内外对于草坪评估已有很多研究成果,其中较为突出的是美国国家草坪草评估计划(The National Turfgrass Evaluation Program,NTEP)。NTEP 开始于 1980年,目的在于评价草坪品种在不同的环境条件、养护管理措施和应用情况下的表现。到 1993 年,有 550 个以上的品种正参加 12 个试验评比项目,涵盖 17 个草坪草种,分别在美国 15~50 个试验点上进行试验。NTEP 有良好的组织和协调机制,在试验布置、资料收集、分析和形成报告上有基本统一的格式。这些保证了 NTEP数据的公正性,因此 NTEP 的数据被认为是可靠的。世界上有 30 多个国家的个人、公司和单位,如植物育种学家、草坪研究人员和推广专家等广泛使用 NTEP的报告作为草种选择的参考。

干扰区草种适宜性评价参考美国 NTEP 的评估标准,结合中国已有的草坪建植或生态修复的研究成果[126],根据外观质量指标(高度、颜色、质地)、生态环境指标(耐寒、耐旱、抗病、耐瘠、适应性)以及效果质量指标(均一度、成坪速度、成本、价值)对草种进行选择。草种选择评价指标体系见表 7.4。

表 7.4 草种选择评价指标体系

目标层	准则层	指标层
草种选择	外观质量	高度
		颜色
		质地
	生态环境	耐寒
		耐旱
		抗病

目标层	准则层	指标层
草种选择	生态环境	耐瘠
		适应性
	效果质量	均一度
		成坪速度
		成本
		价值

2. 确定评价标准

针对不同指标确定各指标值的划分等级，见表 7.5。

表 7.5　草种选择评价等级

指标	1 级	2 级	3 级	4 级	5 级
高度/m	<0.1	0.1～0.4	0.4～0.7	0.7～1	>1
颜色	黄绿色	浅绿色	绿色	深绿色	墨绿色
质地/mm	粗(叶宽>10)	较粗(叶宽 8～10)	中(叶宽 6～8)	较细(叶宽 4～6)	细(叶宽<4)
耐寒/℃	>10	0～10	−10～0	−20～−10	<−20
耐旱	喜潮湿气候	在较干旱的环境中生长良好	能在干旱环境中存活	能在干旱环境中生长良好	能在干燥环境中生长健壮
抗病	极易遭受病虫害	病虫害抵抗力差	有一定病虫害抵抗力	几乎无病虫害发生	病虫害能力抗性强
耐瘠	喜肥沃土壤，只能生长在有机质含量丰富的土壤中	喜肥沃土壤，能在有机质含量一般的土壤中存活	在有机质含量一般的土壤中生长良好	耐贫瘠土壤，能在几乎不含有机质的土壤中存活	耐贫瘠土壤，能在几乎不含有机质的土壤中生长良好
适应性	只能在单一环境下生存	能适应两种环境	在两种环境中均能生长良好	适应两种以上环境	能在两种以上环境中生长良好
均一度	平整度差，颜色杂	平整度差，颜色较整齐	平整度一般，颜色差	平整度一般，颜色统一	平整度优异，颜色统一
成坪速度/d	非常慢(成草>100)	慢(成草 80～100)	一般(成草 60～80)	较迅速(成草 45～60)	生长迅速(成草<45)
成本/(元/斤)	高(>50)	较高(35～50)	一般(25～35)	较低(15～25)	低(<15)
价值	无明显利用价值	有至少一种利用价值	有绿化、饲用两种利用价值	有绿化、饲用、改土等三种及以上利用价值	有绿化、饲用、改土、药用等四种及以上利用价值

3. 确定评价指标

首先依据《东北草本植物志》对东北地区的乡土植物进行梳理，从 89 科、455 属共 1578 种植物中，选取生态修复中广泛使用的 10 种草种进行草种选择评价，具体为高羊茅、早熟禾、黑麦草、白车轴草、披碱草、紫花苜蓿、画眉草、剪股颖、紫羊茅与小叶章。

对选取草种的相关资料进行收集整理，为指标的确定提供依据，各草种的基本资料如下。

1) 高羊茅

高羊茅秆为疏丛或单生，直立，高 90～120cm，径 2～2.5mm；叶片呈线状披针形，先端长渐尖，通常扁平，下面光滑无毛，上面及边缘粗糙，长 10～20cm，宽 3～7mm；花果期 4～8 月。

高羊茅属禾本目、禾本科多年生地被植物。按功能用途分为草坪型(观赏)、牧草型(作为牧草饲养牲畜)。高羊茅性喜潮湿、温暖的气候，在肥沃、潮湿、富含有机质、pH 为 4.7～8.6 的细壤土中生长良好。一般 50 天左右成坪，大量应用于运动场草坪和防护草坪，也可作为牧草饲养牲畜。

2) 早熟禾

早熟禾属于多年生草本植物。须根系，根系交叉生长，具有根状茎；叶色诱人，绿期长，观赏效果好。秆直立或倾斜，质软，高 6～30cm，全体平滑无毛；叶片扁平或对折，长 2～12cm，宽 1～4mm，质地柔软；花期 4～5 月，果期 6～7 月。

早熟禾适宜在气候冷凉，湿度较大的地区生长，抗寒能力强，在-20℃低温下能顺利越冬，-9℃下仍保持绿色，耐旱性较强，耐践踏。耐瘠薄，但不耐水湿，根茎繁殖迅速，再生力强，耐修剪。可生长于湿润草甸、沙地、草坡。在高寒地区，受寒冷的影响，一般在 4 月中旬植物返青，6～7 月抽穗开花，9 月种子成熟。全部生育期为 104～110 天，生长期 200 天左右。

3) 黑麦草

黑麦草为多年生植物，秆高 30～90cm；叶片呈线形，长 5～20cm，宽 3～6mm，柔软，有微毛；草质平滑，顶端无芒；花果期 5～7 月。

黑麦草喜温凉湿润气候，10℃左右能较好生长，27℃以下为生长适宜温度，35℃以上生长不良。黑麦草耐寒耐热性均差，不耐阴。在风土适宜条件下可生长 2 年以上，黑麦草在年降水量 1000mm 左右为适宜，较能耐湿，不耐旱，尤其夏季高热、干旱更为不利。对土壤要求比较严格，喜肥不耐瘠。略能耐酸，适宜的土壤 pH 为 6～7。

4) 白车轴草

白车轴草为短期多年生草本，生长期达 5 年，高 10～30cm；主根短，侧根和须根发达；掌状三出复叶；托叶呈卵状披针形，膜质，基部抱茎成鞘状，离生部分锐尖；小叶呈倒卵形至近圆形，长 8～20mm，宽 8～16mm；花序球形；种子通常 3 粒；花果期 5～10 月。

白车轴草对土壤要求不高，尤其喜欢黏土耐酸性土壤，也可在砂质土中生长，喜弱酸性土壤，不耐盐碱，pH 为 6～6.5 时，对根瘤形成有利；白车轴草为长日照植物，喜阳光充足的旷地，不耐荫蔽，日照超过 13.5h 花数可以增多；具有一定的耐旱性，35℃左右的高温不会萎蔫；喜温暖湿润气候，最适于生长在年降水量 800～1200mm 的地区，种子在 1～5℃时开始萌发，最适温度为 19～24℃，在积雪厚度达 20cm、积雪时间长达 1 个月、气温在-15℃的条件下能安全越冬。

5) 披碱草

披碱草秆疏丛，直立，高 70～140cm，基部膝曲；须根状，根深可达 100cm；叶片扁平，上面粗糙，下面光滑，有时呈粉绿色，长 15～25cm，宽 5～9mm。

披碱草多生于山坡草地或路边；耐旱、耐寒、耐碱、耐风沙；属旱中生牧草，适应性广，特耐寒抗旱，在冬季 -41℃的地区能安全越冬。根系发达，能吸收土壤深层水分，叶片具旱生结构，在干旱条件下仍可获高产。较耐盐碱，在土壤 pH 为 7.6～8.7 的范围内，生长良好。性喜肥，氮肥供应充足时，分蘖数增多，株体增高，叶片宽厚，产量和品质也显著提高。

6) 紫花苜蓿

紫花苜蓿为多年生草本，高 30～100cm，郁闭度高；根粗壮，深入土层，根茎发达，根深可达 3～4m，60%～70%的根系分布于 0～30cm 上层，根部共生根瘤菌，常结有较多的根瘤，其既提高了地力又改良了土壤结构；小叶长 10～25mm，宽 3～10mm，上面无毛，深绿色；种子 10～20 粒；花期 5～7 月，果期 6～8 月。

紫花苜蓿根系发达，具有抗寒、耐旱的特点，比较适合北方的气候和土壤条件，可生于田边、路旁、旷野、草原、河岸及沟谷等地。紫花苜蓿对土壤的适应性较强，根和越冬芽能耐-20℃以下的低温，而当有厚的雪层覆盖时，温度即使为-40℃也能安全越冬；寿命一般为 5～7 年，长者可达 25 年。

7) 画眉草

画眉草为一年生草本，高 10～60cm；叶片呈狭线形，长 3～30cm，宽 2～4mm，上面粗糙；花果期 8～11 月。

画眉草喜光，抗干旱，适应性强，对气候和土壤要求均不高，但要求排水良好。种子很小但数量多，通过风传播，常见于路边及荒芜草地，多混生在旱地作物或棉田中；其为优质饲草和水保兼用型植物；作为饲草适口性好，营养价值高，可与豆科牧草混播，也可进行草场补播改良。画眉草同时还是药用植物，全草入药具有清热活血的功效。此外，亦可用于花带、花镜配置。

8) 剪股颖

剪股颖属禾本目、禾本科多年生草本植物；根茎疏丛型；秆高 90～150cm，叶舌长 3～5mm，先端齿裂，叶片扁平，长 17～30cm，宽 3～8cm，上面微粗糙；花果期 4～7 月。

剪股颖有一定的耐盐碱力，在 pH 为 3.0 的土壤中能较好地生长，并获得较高的产草量。可生长在海拔 300～1700m 的草地、山坡林下、路边、田边、溪旁等处。耐瘠薄，有一定的抗病能力，不耐水淹。春季返青慢，秋季天气变冷时，叶片比草地早熟禾更易变黄。开花期含有较高的营养成分，饲料价值高，粗蛋白质含量中等，各类牲畜均喜食；剪股颖在天然草地中，一般亩产青干草 40～50kg。适时修剪，可形成细致、植株密度高、结构良好的毯状草坪。

9) 紫羊茅

紫羊茅为多年生禾草，具横走根茎；株高 40～60cm，茎秆直立或基部稍膝曲；叶片对折或内卷，呈窄线形，叶长 20～30cm，宽 3～5mm；种子千粒重 0.73g。6～7 月开花。

紫羊茅性喜潮湿、温暖的气候，在肥沃、潮湿、富含有机质、pH 为 4.7～8.5 的细壤土中生长良好。耐高温；喜光，耐半阴，对肥料反应敏感，抗逆性强，耐酸、耐瘠薄，抗病性强。

10) 小叶章

小叶章多年生，紧密丛生，常形成踏头；秆直立，高 25～80cm；叶片常内卷，有时扁平，宽 1～3.5mm；花果期 6～8 月。

小叶章属湿中生禾本科植物。喜湿润，也能在干燥生境中生长；喜温暖，但能耐寒冷。耐寒性强，冬季–40℃能安全越冬。4 月上旬、中旬开始萌发，发芽最低温度为 4～6℃，苗期能耐–8～–5℃低温。小叶章为喜光植物，日照充足，生长旺盛，结实率高。适应范围较广，喜低湿环境，生长期间耐涝。根系发达，能耐一定的干旱，但长时间干旱会导致叶片卷缩、萎蔫，但只要遇雨水，又会恢复生长。最适生长在中性至弱酸性土壤中，不耐盐渍化土壤。根茎的再生力强，切断后也可萌生新枝，迅速恢复草丛。小叶章初期生长迅速，60 天内可以基本完成营养生长。再生性强，再生草生长迅速。小叶章为湿中生丛生状植物，具有重要的饲用价值。

结合相关草种资料，按照划分的评价等级标准，给出不同草种各个指标的具体指标值，见表7.6。

表 7.6　草种选择评价等级

指标	高羊茅	早熟禾	黑麦草	白车轴草	披碱草	紫花苜蓿	画眉草	剪股颖	紫羊茅	小叶章
高度	9	4	8	3	8	7	4	7	5	6
颜色	6	7	8	6	4	8	4	4	4	5
质地	5	9	7	3	6	5	9	5	9	8
耐寒	8	9	8	9	9	10	4	10	8	10
耐旱	6	6	5	7	6	6	8	6	4	6
抗病	8	7	8	6	4	4	8	5	7	9
耐瘠	7	6	5	8	8	8	8	6	8	7
适应性	8	8	8	6	7	7	8	6	8	7
均一度	9	6	8	8	6	7	9	5	8	6
成坪速度	8	6	8	5	4	4	4	5	6	6
成本	9	9	4	9	8	3	2	3	8	1
价值	6	6	8	6	7	6	4	6	7	4

4. 评价方法

在影响草种选择评价结果的各个子系统中，部分子系统对草种选择评价结果的影响较大，部分子系统的影响较小；而影响每一子系统的因素又有很多，有些因素对子系统的贡献较大，有些较小。不同气候带因条件不同，对草种的要求也不尽相同。因此，在对草种选择进行评价之前，需要对不同气候带各评价指标赋予权重。目前确定权重的方法很多，有概率统计、模糊数学、人工智能、灰色系统以及其他改进方法、卡尔曼滤波算法、综合加权评分法等[30]。

层次分析法能够把决策者的主观判断和推理紧密地联系起来，对决策者的推理过程进行量化描述。该方法的特点是在对复杂决策问题的本质、影响因素及其内在关系等进行深入分析的基础上，利用较少的定量信息使决策的思维过程数学化，从而为多目标、多准则或无结构特性的复杂决策问题提供简便的决策方法，尤其适合对决策结构难于直接准确量化的情况。

草种适宜性是多种因素综合作用的结果，不仅每一评价指标对适宜性的影响比较复杂，而且指标之间也是相互联系、相互制约的，各个评价指标所占权重的大小在一定程度上也反映了单个评价指标的重要程度。因此，利用层次分析法，通过建立指标递阶层次结构，构造两两比较判断矩阵，确定各个指标的权重，赋予各指标权重值。

5. 评价结果

1) 权重确定

生态修复的目标是恢复退化的生态系统,为了实现这一目标,必须确保草种能在干扰区中生长。因此,在外观、生态环境与效果质量指标中,重点考虑生态环境质量指标,最终确定生态环境质量指标的权重为 0.75。此外,生态修复应有一定的景观要求,且需要考虑修复的成本与效益,因此将外观质量指标的权重定为 0.125,效果质量指标的权重也定为 0.125。

根据各气候带对草种的不同需求,确定各气候带不同的权重。第一气候带重点考虑耐寒、耐旱、耐瘠;第二气候带重点考虑耐寒、耐瘠与适应性;第三气候带重点考虑耐寒、适应性、高度与耐瘠,具体的权重分布见表 7.7。

表 7.7　不同气候带指标权重分布

准则层	指标层	第一气候带指标权重	第二气候带指标权重	第三气候带指标权重
外观质量指标 (0.125)	高度	0.0300	0.0646	0.1122
	颜色	0.0600	0.0171	0.0211
	质地	0.0150	0.0271	0.0596
生态环境质量指标 (0.75)	耐寒	0.4847	0.3662	0.2977
	耐旱	0.1166	0.0667	0.0703
	抗病	0.0336	0.0418	0.0497
	耐瘠	0.1029	0.1590	0.1069
	适应性	0.0607	0.0948	0.1764
效果质量指标 (0.125)	均一度	0.0103	0.0167	0.0109
	成坪速度	0.0563	0.0552	0.0360
	成本	0.0216	0.0697	0.0455
	价值	0.0082	0.0210	0.0137

2) 草坪选择评价结果

将各草种的指标值与不同气候带的权重相乘,得到不同气候带各草种的评价结果,见表 7.8。

表 7.8 草种选择的评价结果

排序	草种	第一气候带	第二气候带	第三气候带
1	高羊茅	7.5436	7.7003	7.6727
2	早熟禾	7.7183	7.5077	7.4076
3	黑麦草	7.6568	7.2988	7.4251
4	白车轴草	7.6555	7.3868	7.4329
5	披碱草	7.5241	7.5631	7.4062
6	紫花苜蓿	8.2180	7.6727	7.4508
7	画眉草	5.3379	5.5666	5.8996
8	剪股颖	7.6682	7.2093	7.0803
9	紫羊茅	7.0634	7.3241	7.2220
10	小叶章	7.0482	7.4900	7.4664

从评价结果来看，第一气候带最为适宜的是早熟禾、黑麦草与紫花苜蓿；第二气候带最为适宜的是紫花苜蓿、高羊茅与早熟禾；第三气候带最为适宜的是白车轴草、高羊茅与黑麦草。十种草本植物中，除画眉草因为耐寒性较差且成本较高外，其余九种草种均对各气候带具有较好的实用性，且各草种之间的差异并不明显。

7.4.4 草种组合配置

草种的播种方式有单播与混播之分。单播是指在修复方案中使用单一草种进行播种，形成的草地存在群落单一、结构简单、时空失调、能源利用不足、持久性不强，且草地生产力不稳定的问题。

草种混播一般意义上是指同期混合种植两种或两种以上的草种于一块土地上的种植方式[127]。自然界有趋向恢复其原来自然植物群落固有组分和比例的生态稳定性本能，而草种的混播能充分发挥这种本能。目前，豆科牧草与禾本科牧草之间的两种牧草混播方式已得到广泛认可[128]，这种混播方式在形态、生长发育、营养资源利用和时空生态层位上都存在相互补充而非彼此竞争的关系。

根据草种适宜性评价的结果可以得出各气候带适宜的草本植物及其配置，见表 7.9。

表 7.9　黑龙江干流堤防建设干扰区不同气候带草种组合

气候带	草种选择及配比		
	豆科牧草	禾本科牧草	配比(草种质量比)
第一气候带	紫花苜蓿	早熟禾、黑麦草	1∶1∶1
第二气候带	紫花苜蓿	高羊茅、早熟禾	1∶1∶1
第三气候带	白车轴草	高羊茅、黑麦草	1∶1∶1

7.4.5　草种种植试验

1. 试验目的

(1) 在同一环境下栽种不同的草种，观察草种的恢复效果、恢复速度。

(2) 比较同一草种在不同环境下的生长差异，对比分析草种的适应性。

(3) 分别进行单播与混播试验，比较不同播种方式生态修复效果的差异。

(4) 为数值模拟提供基础参数，并为数值模拟的结果提供校核的依据。

2. 试验材料

1) 种植草种

对草种适宜性评价中选择出的五种草种白车轴草、高羊茅、早熟禾、黑麦草与紫花苜蓿进行试验，草种撒播量按 $80kg/hm^2$ 等比例换算。

2) 试验仪器

试验仪器包括卷尺、电子天平、分光光度计、烘箱、环刀、pH 试纸、筛子、烧杯、试管。

3. 试验设计

1) 土壤性状特征

土壤的性状与植物的生长息息相关，对土壤性状的特征进行测量，获取数值模拟模型中的参数。具体测量内容如下。

土壤含水量测定采用称重法，具体操作为取一定量的土，用电子天平测量烘箱烘干前后的土壤质量，计算的公式为：土壤含水量=(烘干前土样质量–烘干后土样质量)/烘干前土样质量×100%；土壤容重采用环刀法测量；土壤 pH 测定：用 pH 试纸测量土壤浸出液的 pH；土壤氮磷的检测：首先烘干土壤，研磨后过筛，加入浓硫酸使得土壤中的氮磷充分析出，稀释后运用分光光度计对溶液的氮磷含量进行测定，通过公式换算推导出土壤的氮磷含量。

2) 样地分布

试验中选取两种不同的试验样地：一种是从黑龙江呼玛县运送的土壤，在进行土壤性状特征测定后，放于盆中栽种植物，模拟干扰区实际的土壤情况；另一种是选择一块严重退化的土地，该块土地地表裸露，无植被覆盖，且土质中掺杂有较多建筑垃圾，模拟各草种对于贫瘠地的生态修复效果。

3) 草种种植

首先对五种草种进行种植前处理，具体步骤为：用电子天平称量定量的种子，种子质量按照 80kg/hm² 等比例换算。称量后放置于试管中，在 45℃的烘箱中保存 3h，草种经高温干燥处理后，种皮龟裂呈疏松多缝的状态，使种子通透性增加，加快水、气进出，促进种子萌发。

草种播种分为单播与混播，单播是在盆中与裸地上分别撒播五种植物；混播则分为两种混播与全部混播，两种混播是指草种两两组合，全部混播则是指把所有草种全部撒播在一起。目的是对比单播与混播以及不同草种组合恢复效果的差异。

4) 草种种植后的养护与测量

草种种植后，对出苗时间及情况进行观察与记录。在出苗后，进行间歇性的浇水养护，平均两天浇水养护一次，浇水保证土壤的表层被水淹没，以确保植物在发育期间有足够的水源供应。每天对试验条件进行详细记录，且平均每周一次从样地中随机取出植株，用卷尺与电子天平对草本的生长情况进行详细测量。测量的项目包括叶片长度、叶片宽度、根长、茎长、植株重量、叶片干重，为数值模型的模拟奠定基础。

观察并记录不同草种的恢复过程，具体包括出苗时间、草种长势、根部发育、土地恢复情况，从而为各草种的生态修复适用性提供依据。

4. 试验结果

1) 试验过程

(1) 试验场地与仪器。

试验场地与仪器如图 7.11～图 7.14 所示。

图 7.11　呼玛县堤防周边的取土场

图 7.12　退化的裸地

图 7.13　烘箱

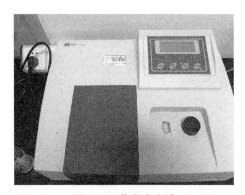
图 7.14　分光光度计

(2) 土壤性状特征测定。

土壤性状特征测定过程如图 7.15～图 7.18 所示。

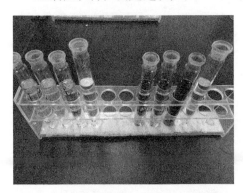
图 7.15　土壤氮磷测定(土壤浸出液配制)

图 7.16　土壤含水量测定(烘干)

图 7.17　土壤含水量测定(称量)

图 7.18　土壤氮磷测定(分光光度计测定)

(3) 草种栽种。

草种栽种如图 7.19～图 7.28 所示。

图 7.19　种子发芽

图 7.20　白车轴草幼苗

图 7.21　高羊茅幼苗

图 7.22　黑麦草幼苗

图 7.23　紫花苜蓿幼苗

图 7.24　草种混播

图 7.25　黑麦草裸地试验

图 7.26　白车轴草裸地试验

　　　图 7.27　高羊茅裸地试验　　　　　　　图 7.28　裸地混播试验

(4) 草种生长一个月效果。

草种生长一个月效果如图 7.29～图 7.37 所示。

　图 7.29　高羊茅　　　　　图 7.30　白车轴草　　　　　图 7.31　黑麦草

　　　图 7.32　紫花苜蓿　　　　　　　　　图 7.33　草种混播

图 7.34　黑麦草裸地试验

图 7.35　高羊茅裸地试验

图 7.36　白车轴草裸地试验

图 7.37　草种混播裸地试验

(5) 草种数据测量。

草种数据测量如图 7.38～图 7.43 所示。

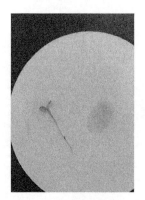

图 7.38　紫花苜蓿

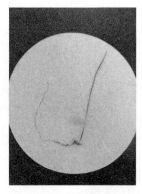

图 7.39　黑麦草

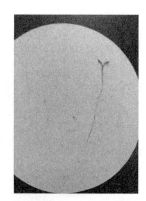

图 7.40　白车轴草

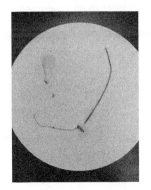  

图 7.41 高羊茅　　　　图 7.42 早熟禾　　　　图 7.43 烘干后的样本

2) 试验结果

试验结果见表 7.10 和表 7.11。

表 7.10　试验第 22 天测量结果

品种	根长/mm	茎长/mm	叶片长度/mm	叶片宽度/mm	植株重量/g	叶片干重/g
高羊茅	40	20	40	1.0	0.0052	0.0009
黑麦草	70	13	60	1.5	0.0075	0.0017
早熟禾	1	0	2	0.1	0.0003	0.0001
白车轴草	50	3	5	2.0	0.0010	0.0005
紫花苜蓿	5	15	6	3.0	0.0018	0.0012

表 7.11　试验第 27 天测量结果

品种	根长/mm	茎长/mm	叶片长度/mm	叶片宽度/mm	植株重量/g	叶片干重/g
高羊茅	50	23	70	1.5	0.0064	0.00023
黑麦草	100	15	85	2.0	0.0130	0.00310
早熟禾	5	4	9	0.4	0.0034	0.00040
白车轴草	45	1	6	3.0	0.0015	0.00080
紫花苜蓿	7	35	7	4.0	0.0026	0.00200

5. 试验结果分析

1) 草种出芽时间

试验种植的植物中，白车轴草出芽最早，种植 5～6 天即出芽；紫花苜蓿出芽也相对较早，种植后约一周后出芽；高羊茅与黑麦草出芽相对较晚，种植约 10 天后出芽；早熟禾出芽最晚，种植后近一个月出芽。

2) 草种长势

出芽后，黑麦草与高羊茅长势迅速，30 天左右叶片长度就达到 70～80mm，根部生长几乎与叶片呈现对称生长，发育较快；白车轴草虽出芽较早，但前期叶片长势较为缓慢，植株形态变化不大，但根部长度变化较大，扎根较深；紫花苜蓿长势较为迅速，茎部生长较快，根部与叶片生长较慢，扎根深度较浅；早熟禾出芽较晚，植株形似高羊茅与黑麦草。混播的草种分布均匀，各种植株均生长良好，除早熟禾发育较慢外，未出现恶性竞争。

3) 裸地种植

裸地单播中，黑麦草与高羊茅生长迅速，能迅速实现裸地的绿化；白车轴草叶片生长缓慢，但固土效果优异；早熟禾发育缓慢；紫花苜蓿也可实现裸地的快速恢复。混播试验相较单播，植株分布更加均匀，两两组合中，高羊茅与黑麦草的组合恢复速度快，但稳定性差；白车轴草、紫花苜蓿分别与高羊茅、黑麦草的组合层次较为分明，发育周期差异明显，能在较长时间内保证试验地的修复效果。

7.4.6　草种生长数值模拟

1. WOFOST 模型基本原理

WOFOST 模型是在联合国粮食及农业组织(Food and Agriculture Organization of the United Nations，FAO)的资助下，由荷兰瓦赫宁根大学在 de Wit 作物模型理论的基础上不断完善开发得到的[129]。WOFOST 模型是模拟特定土壤和气候条件下一年生作物生长的动态解释性模型，已在亚洲、非洲以及欧洲的一些地区得到验证和运用，在过去几十年中，WOFOST 模型在全世界范围内取得了极大的发展。受益于其开源的优势，众多使用者在其源程序的基础上进行修改，加入相关模块，使其对某个方面可以进行更精确的模拟，因此在不同领域衍生出许多派生模型。

WOFOST 模型在进行产量的年际变化、产量和土壤条件的关系、品种遗传特性差异以及气候变化对产量的影响等方面较为擅长。该模型可以对作物进行三种水平的产量评估，分别为营养限制条件下的产量、水分限制条件下的产量和潜在产量。该模型可以用来分析不同年份产量的变化、气候变化及土壤类型对产量变化的影响、作物产量风险，确定播种时间以及农业机械使用的关键时期；还可用于评估某种作物最大潜在产量，提高施肥和灌溉的增产效益等。目前，WOFOST 模型已广泛应用在产量预测、土壤肥力评价、区域生产潜力水平评价和灌溉施肥等田间管理措施的指导中以实现最大的经济效益，还常用来分析极端气象条件等不利因素下作物的长势情况。

2. WOFOST 模型的应用

1) 作物参数率定

根据草种种植试验的结果，对一些参数，如总干重对根的分配系数(FRTB)、地上干重对叶的分配系数(FLTB)、土壤体积含水量(SMTAB)进行确定。然后对选中的五种植物进行分类，根据种间相似原则，在模型已有的作物中选择相近的作物作为参数率定的基础。其中，早熟禾、黑麦草与高羊茅均为禾本科草本植物，选用同为禾本科的小麦作为率定参数的基础；紫花苜蓿与白车轴草均为豆科类植物，选用同为豆科的绿豆作为率定参数的基础。参考已有的国内外针对这五种草种的研究，特别是对草种的叶面积指数(leaf area index，LAI)、存活叶片的干重(WLV)、存储物质的干重(WSO)的研究成果，对草种的参数进行率定。

2) 气象资料

通过中国气象局与美国 NASA 发布的气象资料,得到三个气候带的天气资料,具体包括太阳日辐射总量、日最低气温、日最高气温、气压、平均风速和降水。其中，日最低气温与日最高气温由中国气象局提供，自 2011 年至 2016 年共 6 年，以日为单位。其余资料均由美国 NASA 提供，且为 1995 年至 2016 年共 22 年气象数据的均值，以日为单位。漠河市 22 年气象资料均值见表 7.12。

表 7.12　漠河市气象资料(22 年均值)

月份	太阳日辐射总量 /[kW · h/(m² · d)]	风速/(m/s)	气压/kPa	日降水量/mm
1	1.21	4.23	96.1	0.33
2	2.35	4.32	95.9	0.22
3	3.91	4.17	95.3	0.42
4	4.88	4.22	94.8	1.08
5	5.54	4.21	94.6	1.48
6	5.83	3.65	94.5	2.92
7	5.13	3.45	94.5	3.69
8	4.57	3.63	94.8	3.22
9	3.38	3.73	95.1	2.02
10	2.37	4.00	95.4	0.91
11	1.40	3.98	95.7	0.56
12	0.88	4.11	96.1	0.31

3) 土壤参数

草种生长数值模拟中所用的土壤参数除部分实测外，其余主要取自《中国土种志》和《黑龙江土壤》。另外，本节研究还参考了国内针对黑龙江省 WOFOST

模型应用方面的已有研究[130-132]，以漠河市为例，其土壤理化性质见表 7.13。

表 7.13　漠河市土壤理化性质

土层厚度/cm	容重/(g/cm³)	永久萎蔫点 (体积分数)/%	田间持水量 (体积分数)/%	饱和含水量 (体积分数)/%	饱和导水率 /(mm/d)
20～40	1.23	21.0	28.9	33.3	375
40～90	1.45	18.8	32.3	38.1	257
90～120	1.45	17.5	24.9	35.5	242

3. 作物生长模型数据库的建立

WOFOST 模型主界面如图 7.44 所示。

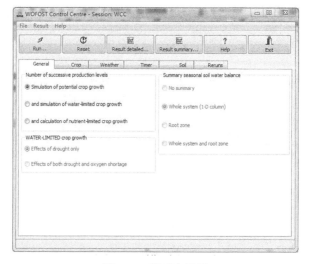

图 7.44　模型主界面

1) 气象数据库的建立

气象数据库的建立采用人工整理的日最高气温、日最低气温、降水、日照时数、气压和平均风速等气象数据。

模型本地化的过程中，WOFOST 模型气象模块需要在模型原有自带文件的基础上进行修改，采用记事本输入的方法将本地数据整理好，可以通过写字板或记事本等程序打开该文件进行编写，然后保存。之后重启 WOFOST 模型就可以使更改过的文件显示出来，在模型模拟过程中修改过的参数值就会按调整过的数值运用到模拟中。

图 7.45、图 7.46 分别为建立气象数据库操作及界面。

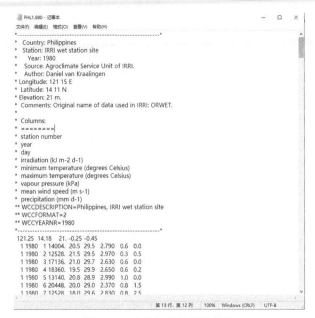

图 7.45　建立气象数据库操作

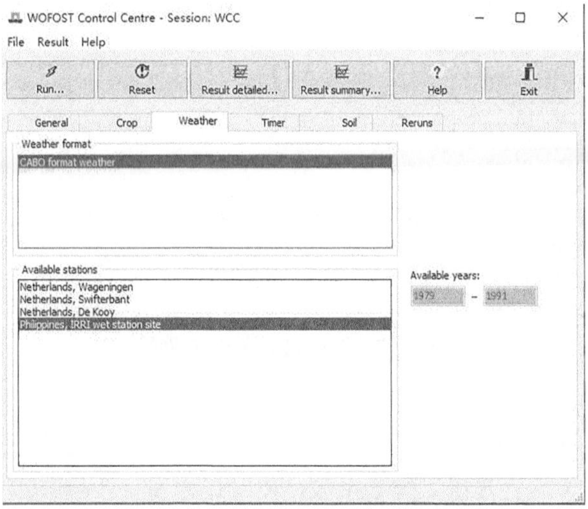

图 7.46　气象数据库界面

2) 作物数据库的建立

WOFOST 模型作物模块一共有 18 个参数, 其中有 7 个为默认参数: 从播种到出苗的积温(TSUMEN)、最大二氧化碳同化速率(AMAXTB)、35℃下生长叶片生命周期(SPAN)、出苗到开花积温(TSUM1)、比叶面积(SLATB)、开花到成熟的积温(TSUM2)、最初总干重(TDWI); 11 个需要调整的参数: 茎的维持呼吸作用速率

(RMS)、干物质转化为叶片的效率(CVL)、叶的维持呼吸作用速率(RML)、干物质转化为茎的效率(CVS)、根的维持呼吸作用速率(RMR)、干物质转化为储存器官的效率(CVO)、干物质转化为根的效率(CVR)、散射光的消光效率(KDIFTB)、单叶片光能利用率(EFFTB)、储存器官的维持呼吸作用速率(RMO)、叶面积指数最大日增量(RGRLAI)。

在模型运行界面右侧即可改变作物参数,将不同草种的特性进行相应的调整,使模型更加符合本地的基本情况,使模拟结果更加准确。在模型中自带的某个品种的文件基础上进行修改,而不是全部重新编写作物文件,这是因为作物文件中含有大量的参数,极易在编写过程中出错。模型作物文件最开始的部分记录了某个作物的名称、地理位置、气象数据类型、作物数据来源、开始模拟时间等,其余内容为需要编写的变量及所对应的数值。作物数据库建立界面如图 7.47 所示。

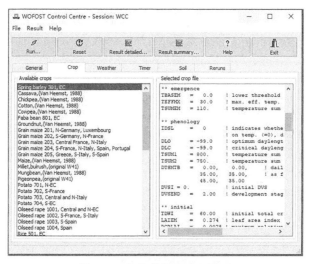

图 7.47　作物数据库建立界面

3) 土壤数据库的建立

土壤模块中共有 11 个参数,其中有 8 个是需要调整的参数:土壤饱和含水量、最大扎根深度、土壤含水量、凋萎系数、田间持水量、土壤导水率、土壤饱和导水率、初始扎根深度;3 个默认的参数:根层以下土壤最大入渗速率、根层最大入渗速率、土壤通气时的临界空气含量。

图 7.48、图 7.49 分别为建立土壤数据库操作及界面。

4) 模型运行结果

将模型所需要的气象数据、土壤数据及作物数据输入后,再对模型运行进行初始设定,即可进行作物生长的模拟。模型运行结果主要包括作物的叶面积指数(LAI)、作物发展阶段(DVS)、存活叶片的干重(WLV)、存活茎的干重(WST)、存

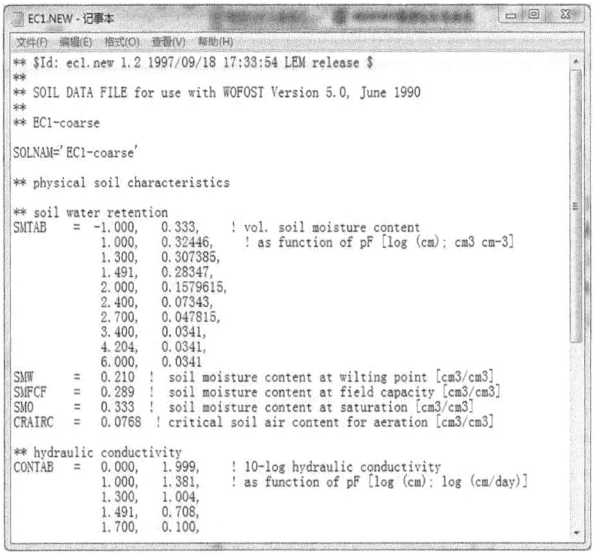

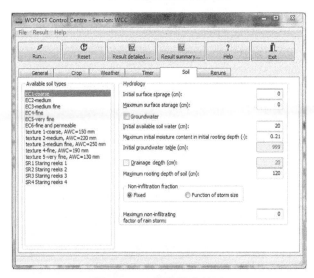

图 7.48 建立土壤数据库操作

图 7.49 土壤数据库界面

储物质的干重(WSO)、地上总产量(TAGP)。运行后的结果能以表格与图像两种方式展示，如图 7.50 和图 7.51 所示。

4. WOFOST 模型参数敏感性分析

在 WOFOST 模型中，与作物生长发育相关的参数有数十个，加上模型参数之间的相关性，若对全部参数逐个进行校正，工作量是十分巨大的，同时也是不

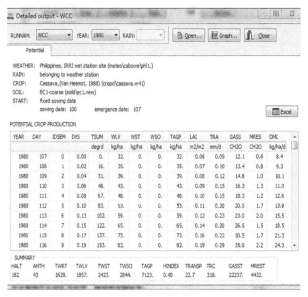

图 7.50　结果的表格展示

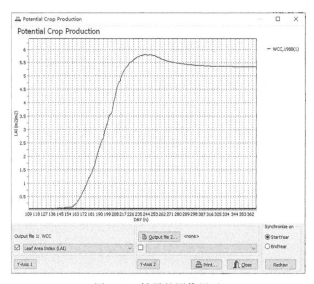

图 7.51　结果的图像展示

现实的。因此，需要针对其中较为重要的一部分参数进行调整：首先根据研究目的对各主要参数进行敏感性分析，选出其中对结果影响较大的参数，再根据敏感性差异制定不同的调整方案。

敏感性分析采用初始变量扰动法，即在潜在生长条件下，其他所有参数和模拟环境都不变，逐一将某个参数的值上调 10% 后进行模拟，将结果与不改动该参数的模拟结果(选取作物成熟时的参数 LAI、WSO、WLV、TAGP)进行对比，计算其变化百分率，选取出敏感度较大的参数进行调整。作物参数的敏感性分析见表 7.14。

表 7.14　作物参数的敏感性分析　　　　　　(单位：%)

作物参数	模拟结果			
	LAI	WSO	WLV	TAGP
TBASEM	−6.65	−24.75	−5.94	−8.22
TEFFMX	0.00	−0.24	0.00	0.00
TSUMEN	−2.22	−5.53	−1.65	−2.26
TSUM1	33.99	−51.49	33.75	5.43
TSUM2	1.48	−11.88	1.85	0.86
DTSMTB(10)	−27.09	31.96	−27.16	−13.83
DTSMTB(27)	0.00	−0.24	0.00	0.00
TDWI	4.68	1.41	4.39	2.69
LAIEM	0.00	−0.24	0.00	0.00
RGRLAI	0.00	−0.24	0.00	0.00
SLATB(0)	8.62	2.67	8.04	4.85
SLATB(0.15)	9.36	2.94	8.54	5.21
SLATB(0.4)	14.78	4.90	10.68	7.48
SLATB(0.85)	8.62	3.73	2.75	3.46
SLATB(2)	15.27	5.14	10.73	7.60
SPAN	0.00	−0.24	0.00	0.00
KDIFTB(0.0)	6.16	1.61	5.74	3.39
KDIFTB(2.0)	1.23	−0.27	1.35	0.64
EFFTB(0.0)	11.08	8.12	10.88	9.45
EFFTB(40.0)	9.61	5.06	9.44	7.34
AMAXTB(0.0)	3.69	−21.73	4.04	−1.91
AMAXTB(1.3)	−2.46	−19.84	−1.60	−3.42
TMPFTB(15)	2.46	−18.47	3.10	−0.58
TMPFTB(25)	−1.23	−23.06	−0.65	−4.71
TMPFTB(35)	−8.13	−25.29	−7.44	−9.26
TMPFTB(40)	−8.37	−25.29	−7.44	−9.27
TMPFTB(50)	−8.37	−25.29	−7.44	−9.27
TMNFTB(12)	28.82	−7.10	28.81	18.45
CVL	1.97	−22.20	2.55	−2.71
CVO	−8.13	−21.73	−7.39	−7.75

续表

作物参数	模拟结果			
	LAI	WSO	WLV	TAGP
CVR	4.19	−21.65	4.44	−1.65
CVS	0.25	−19.88	1.20	−1.00
RML	−9.61	−26.47	−8.89	−10.65
RMO	−8.37	−25.41	−7.44	−9.32
RMR	−8.87	−25.73	−8.09	−9.82
RMS	−8.87	−26.55	−7.99	−10.21
RFSETB(0.0)	−10.10	−26.55	−9.34	−10.91
RFSETB(2.0)	−8.87	−27.06	−8.19	−10.55
FRTB(0.0)	−36.45	−38.24	−34.90	−29.66
FRTB(1.0)	−11.08	−26.39	−10.38	−11.50
DEPNR	0.00	−0.24	0.00	0.00
RDI	0.00	−0.24	0.00	0.00
RDMCR	0.00	−0.24	0.00	0.00

注: TBASEM 表示出苗最低温度; TEFFMX 表示出苗最高有效温度; DTSMTB 表示总温度逐日增加(日均温); LAIEM 表示出苗时叶面积指数; TMPFTB 表示最大 CO_2 同化速率减小因素(均温); TMNFTB 表示总同化速率减小因素(最低气温); RFSETB 表示衰老减少因子(生长阶段); FRTB 表示总干物质分配到根的比例(生长阶段); DEPNR 表示土壤水分消耗作物群数量; RDI 表示初始根深; RDMCR 表示最大根深。

由表 7.14 可以看出，过程最大值对 TSUM1、DTSMTB1、AMAXTB、TMNFTB 及 FRTB 等参数的敏感性较强，大部分超过 10%，最高的 TSUM1 甚至达到 50% 以上，因此需要根据资料对这些参数进行调整。反复修改作物参数后调用模型中的运行模块，记录模拟结果，并与实测值对比，选取均方根误差最小的一套参数作为最优参数，作为模拟所用参数。

5. 草种生长过程模拟结果

运用经过参数调整的 WOFOST 模型对选取的五种植物(黑麦草、高羊茅、白车轴草、早熟禾、紫花苜蓿)的生长过程进行模拟，主要包括各草种不同生育期所需天数模拟和各草种 LAI 模拟。结合实测的试验数据，对比分析模型模拟的精度及有效性，最后对不同草种在干扰区的生长过程及修复效果进行预测。

1) 各草种不同生育期所需天数模拟

WOFOST 模型中的作物生长发育模块是建立在积温理论基础上的，即在其余外界条件都基本满足的条件下，温度是影响作物生长发育的关键因子。WOFOST 模型内部可以将春小麦的全生育期分为播种到出苗、出苗到开花和开花到成熟三大阶段，模型模拟的后期，还考虑了作物对光照的敏感性，以适应不同光敏作物的生育特点。运用 WOFOST 模型时，当有效积温达到完成某个发育期所需的积温时，该生育期结束，进入下一个生长发育阶段。运用 WOFOST 模型对不同草种各生育期所需天数进行模拟，得到的模拟值见表 7.15。

表 7.15　不同草种数值模拟结果

草种	实测出苗时间/d	模拟出苗时间/d
高羊茅	12	11
黑麦草	13	14
早熟禾	32	32
白车轴草	10	12
紫花苜蓿	11	12

从出苗时间看，模拟结果差距在 2 天以内，平均误差为 1 天，相对误差均在 10%以下，WOFOST 模型的模拟效果较好。

2) 各草种 LAI 模拟

LAI 是指单位土地面积上植物叶片总面积占土地面积的倍数。计算公式为：LAI=叶片总面积/土地面积。LAI 作为研究群体结构的重要参数之一，研究 LAI 可以为合理栽培提供理论依据，并成为衡量林分质量的重要指标[133]。叶片是植物进行光合作用和与外界进行水汽交换的主要器官，叶片面积的大小直接影响植物的受光，它的变化制约着草地小气候，合理的叶片面积是充分利用光能、保证林分高产优质的主要条件。LAI 作为研究林分群体产量形成的一个指标，是衡量群落和种群的生长状况及光能利用率的重要指标。通常 LAI 有一个最适值，大量研究表明，具有水平状叶片的草本植物群丛最适 LAI 为 4～6，牧草最适 LAI 为 8～10，作物最适 LAI 为 3～5。

在林木良种选育中，叶片面积和 LAI 作为林木良种选育的形质指标具有特殊的意义。

(1) 通过遗传和栽培途径来促进群体叶面积向最适 LAI 发展，是提高群体生产力的有效途径。

(2) 叶面积和 LAI 与生长相关，同生长量指标一并采用，可互为印证，增加草本良种选育的可靠性。

(3) 叶面积和 LAI 在一定程度上是反映草本生理活动旺盛的标志。

(4) 叶面积和 LAI 是量化指标，可减小选择中的人为随意性。

将模型所有参数设置完毕后，运行参数，得到各气候带已选草种的 LAI 模拟曲线，结果如图 7.52～图 7.60 所示。

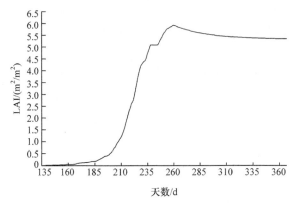

图 7.52　第一气候带紫花苜蓿 LAI 模拟

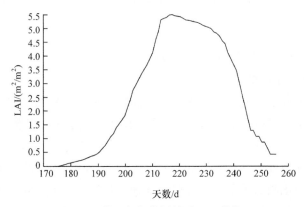

图 7.53　第一气候带早熟禾 LAI 模拟

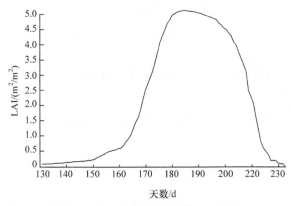

图 7.54　第一气候带黑麦草 LAI 模拟

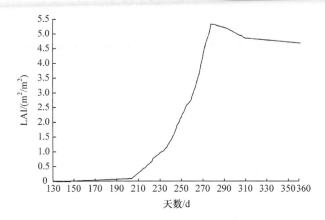

图 7.55　第二气候带紫花苜蓿 LAI 模拟

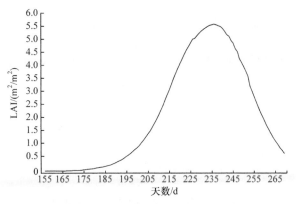

图 7.56　第二气候带早熟禾 LAI 模拟

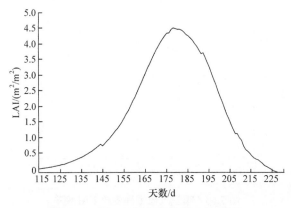

图 7.57　第二气候带高羊茅 LAI 模拟

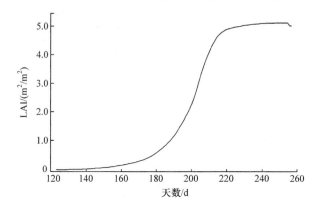

图 7.58   第三气候带白车轴草 LAI 模拟

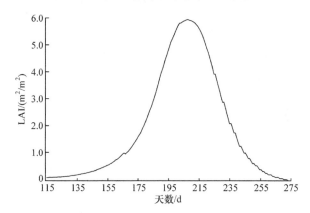

图 7.59   第三气候带高羊茅 LAI 模拟

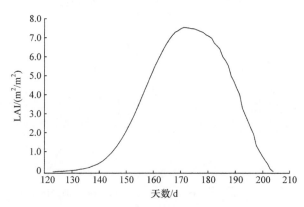

图 7.60   第三气候带黑麦草 LAI 模拟

在草种种植试验中，不定期地运用尺子测量各类草种的叶面积，选取特定面积的种植区，测量植株数目，估算出 LAI。对比分析后，发现数值模拟结果与种植试验结果相符，验证了数值模拟的合理性。

从图中可以得出以下结论。

(1) LAI 曲线变化特征。

高羊茅、早熟禾与黑麦草 LAI 的变化曲线较为相似，呈单峰状，在草种发芽后，有段较长的生长期；之后草种成熟，LAI 达到最大值；最后，由于季节变化，草木枯黄，LAI 开始下降，直至降为 0，此时，地表上无存活的叶片。

紫花苜蓿与白车轴草 LAI 的变化较为类似，虽然出芽时间早，但前期发育时间长，草种生长缓慢，后一段为快速生长期，达到最大值后，LAI 在较长时间内稳定不变。

(2) LAI 最大值。

干扰区修复方案中选用的草种，在播种后的第一年，LAI 均能达到 4.0 以上，说明选择的草种能较快实现干扰区植被的覆盖。各草种达到 LAI 最大值的时间差异较为明显：禾本科植物能实现草地的迅速覆盖，在播种后的第三个月达到 LAI 的最大值；豆科类植物生长周期长，达到 LAI 最大值的时间晚。草种模拟时，播种日期设定为 4 月中旬，与干扰区的春播时间相符，禾本科约在 7 月达到 LAI 的最大值；豆科类约 9 月底才能达到最大值。

(3) 草种混播。

通过单一草种的生长特性分析可知，禾本科植物能实现快速绿化，而紫花苜蓿与白车轴草全年之中发育时间长，与禾本科植物混播后，可以实现维持草地 LAI 稳定的特征，从而使干扰区在不同季节均有较高的植被覆盖率。

7.5　树　种　选　择

7.5.1　树种选择原则

造林工作具有较强的区域性，不同地区的造林地具有不同的特性，必须选用不同的造林树种和栽培技术措施，而树种选择是造林工作的重中之重，直接决定了造林工作的好坏，我国就造林树种选择方面积累了大量的经验与教训。因此，选择合适的造林树种对于河流堤防建设干扰区的生态修复具有重要意义。

在进行河流堤防建设干扰区生态修复树种选择时应考虑以下几个原则[134]。

(1) 优先选择当地树种。当地树种由于多年生长在本乡土中，能在当地环境条件下正常生长，不仅节省长途运输的费用，而且具有生长快、适应性强、成本低、管理简单等优点。

(2) 适当引进外来树种。在一个地区造林，应该优先选用乡土树种，但也不能排斥外来树种。外来树种是本地没有天然分布而从外地引进的树种。我国引种的历史悠久，仅从国外引进的树种就有几十种之多，大多表现良好。引进外来树种时应考虑外来树种对引进地区的气候、土壤条件是否能适应，仔细比较引进地区和原产地区自然条件的相似性，还应经过长期试验观察，证明外来树种确实比本地同类树种具有明显的优点时，才能推广引种。

(3) 植物美观。在园林绿化中，能否体现植物美观是衡量绿化效果的一个重要指标。黑龙江省虽然地处高寒地区，但地域辽阔，生长着丰富多彩的森林植物，《黑龙江树木志》全书记载有乔灌木 41 科，94 属，332 种，88 变种，36 变型，是我国自然资源的宝库，在干扰区生态修复中有很大的挖掘潜力。

7.5.2　树种适宜性评价

1. 评价因子的选择及分级

理论上，指标体系应该能够包括所有可能影响评价结果的各种因素。但从实际操作角度考虑，这种"完整性"是难以达到的。因此，在选取评价指标、制定评价体系时，只能通过对研究区域基本状况、专家与公众意见等的调查分析，将相对重要的、具有代表性的、能够反映城市森林树种主要特征的主导性因子作为评价指标，尽量使评价指标体系能够全方位、多角度地反映生态修复树种各项功能。根据指标的简明性、层次性、可操作性等原则，通过借鉴、综合有关资料[135-138]，按照"目标分解"的方法，将"干扰区生态修复树种适宜性评价"作为总目标系统，然后按照其逻辑关系划分出环境适应性 U_1、培植特性 U_2、效益性 U_3 三个子系统(准则层)，各个子系统再向下分解出若干子系统(指标层)，进而在此基础上选择具体指标。根据对研究区域的基本状况及树木的生理生态特征，以及专家意见的调查分析，最后筛选出耐寒性、土壤适应性、抗病虫害、繁殖特性、生长速度、观赏价值、经济价值作为干扰区生态修复树种综合评价指标。

干扰区生态修复树种综合评价指标体系见表 7.16。

表 7.16　树种选择评价指标体系

目标层	准则层	指标层
树种选择	环境适应性	耐寒性
		土壤适应性
		抗病虫害
	培植特性	繁殖特性
		生长速度
	效益性	观赏价值
		经济价值

遵循既反映实际又便于人为操作的原则将各评价指标从优到劣分为 5 个等级，分别用Ⅰ、Ⅱ、Ⅲ、Ⅳ、Ⅴ表示。指标的评分标准见表 7.17。

表 7.17　黑龙江干流堤防建设干扰区树种选择评价指标等级评分标准

指标	Ⅰ	Ⅱ	Ⅲ	Ⅳ	Ⅴ
耐寒性	能耐 –20℃ 及以下低温	能耐 –19～–10℃ 的低温	能耐 –9～–5℃的低温	能耐 –4～0℃的低温	不能在 0℃ 以下生存
土壤适应性	适应性强，耐干旱瘠薄，喜酸性土壤	对土壤要求不严，较耐瘠薄土壤，喜微酸性土壤	适应性一般，要求肥力一般，耐酸性土壤	要求肥力良好土壤或喜碱性土壤	要求深厚肥沃土壤，不耐干旱瘠薄或碱性土壤
抗病虫害	生长健壮，无病虫害，抗病性强	生长良好，偶尔发生病虫害，抗病性较强	生长一般，1 或 2 种病虫害，有危害程度轻微的病虫害	生长较差，3～6 种病虫害，有危害程度中等的病虫害	生长差，病虫害多于 6 种，有危害程度严重的病虫害
繁殖特性	种子繁殖+3 种营养繁殖	种子繁殖+2 种营养繁殖	种子繁殖 +1 种营养繁殖	营养繁殖	种子繁殖
生长速度	生长迅速，前 10 年年均生长高度可达 1m 以上	生长速度较快，前 10 年年均生长高度 0.7～1.0m	生长速度中等，前 10 年年均生长高度 0.5～0.7m	生长速度较慢，前 10 年年均生长高度 0.5～0.3m	生长速度较快，前 10 年年均生长高度小于 0.3m
观赏价值	高大，枝叶茂密	较高，美观	树高一般，枝叶茂密	枝叶稀疏	低矮或枝叶散生，凌乱
经济价值	经济林树种，效益好	一般经济林树种，能源树种	用材树种兼有食用、药用价值	普通用材树种	灌木树种

2. 评价方法

1) 模糊综合评判法

模糊计量法是 1965 年 Zadeh 在数学上创立的一种描述模糊现象的方法。模糊综合评判法(fuzzy integrated evaluation，FIE)以模糊数学理论为基础，模拟人脑处理模糊信息的思维方式，应用"分析-综合"的科学认知方法，将评价对象分解成若干评价因素，然后对单个因素进行评价，得到该因素的一个模糊评定向量，最后利用模糊变换获得评价对象的综合评定值。它的数学模型由评价因素集、判断集、判断矩阵和权重向量组成。模糊综合评判法的权重向量是由专家或评分人人为设定的[139,140]。

2) 序关系分析法

序关系分析法(G1 法)是针对层次分析法的缺陷提出的一种新的权重赋值法，较层次分析法其计算量显著减少，对指标数没有限制，无须进行一致性检验。G1 法通过对影响因素的排序确定因素的权重，适用于影响因素不能完全量化的模糊赋值。G1 法确定指标权重一般分为确定序关系、给出相邻指标相对重要程度的比较判断、计算权重系数三个步骤[141,142]。

(1) 确定序关系。

若评价指标 a_i 相对于某评价准则的重要性大于 a_j，则记为 $a_i > a_j$。对于评价指标集 $\{a_1, a_2, \cdots, a_m\}$，专家依次从中选出认为是最重要的一个指标，每次只能选出 1 个，依次标记为 $x_1, x_2, \cdots, x_m$。经过 $m-1$ 次选择，就唯一确定了序关系。

(2) 给出 x_k 与 x_{k-1} 相对重要程度的比较判断。

专家对评价指标 x_k 与 x_{k-1} 之间的重要程度之比的理性判断可以表示为 $r_k = w_{k-1}/w_k (k = m, m-1, m-2, \cdots, 3, 2)$。由此可以计算出各指标之间的相对重要程度。$r_k$ 的取值见表 7.18。

(3) 计算权重系数。

权重系数 w_k 的计算公式为

$$w_k = \left(1 + \sum_{k=2}^{m} \prod_{i=k}^{m} r_i\right)^{-1} \tag{7.1}$$

$$w_{k-1} = r_k w_k \tag{7.2}$$

表 7.18　r_k 赋值参照表

r_k	重要程度
1.0	指标 x_{k-1} 与 x_k 具有相同的重要性
1.2	指标 x_{k-1} 比 x_k 稍微重要
1.4	指标 x_{k-1} 比 x_k 明显重要
1.6	指标 x_{k-1} 比 x_k 强烈重要
1.8	指标 x_{k-1} 比 x_k 极端重要
1.1, 1.3, 1.5, 1.7	指标 x_{k-1} 比 x_k 的重要程度介于上述情况之间

3) 基于 G1 法的模糊综合评判法

根据所选指标构建评价因素集为

$$U = \{u_1, u_2, \cdots, u_m\} \tag{7.3}$$

式中，$u_1, u_2, \cdots, u_m$ 为各评价指标。各因素的权重分配由 G1 法计算得到并构成 V 上的模糊子集为

$$W = \{w_1, w_2, \cdots, w_m\} \tag{7.4}$$

评价集为 $V=\{I, II, III, IV, V\}$。

因为语言评价是宽泛的定性描述，不能准确定量，所以应用模糊数学的原理，采用专家调查法建立模糊子集如下：$I=\{0.65, 0.35, 0, 0, 0\}$代表优秀，含义为：针对某一评价因素，专家中 65%认为优秀，35%认为良好，认为中等、较差、很差的为 0；$II=\{0.35, 0.4, 0.25, 0, 0\}$代表良好，含义为：针对某一评价因素，专家中 35%认为优秀，40%认为良好，25%认为中等，认为较差、很差的为 0；$III=\{0, 0.3, 0.4, 0.3, 0\}$代表中等；$IV=\{0, 0, 0.25, 0.4, 0.35\}$代表较差；$V=\{0, 0, 0, 0.35, 0.65\}$代表很差。于是单因素模糊评判矩阵 R 可用这些模糊子集表示，生态树种模糊综合评判 $B=W\times R$。

为了将 B 转化为综合评判数值，设定 $V=\{I, II, III, IV, V\}=\{100, 80, 60, 40, 20\}$，则生态树种的模糊综合评判值 $F=B\times[100, 80, 60, 40, 20]^{T}$。

3. 评价结果

根据 G1 法对所选取的指标进行赋权，以准则层为例，首先相对于目标层，对准则层各指标进行重要程度排序，确定的序关系为 $U_1>U_3>U_2$，记为 $x_1>x_2>x_3$，根据重要程序之比确定比值 $r_2=w_1/w_2=1.4$，$r_3=w_2/w_3=1.2$，根据权重系数的计算公式得到准则层的指标权重 $A=(0.433, 0.2577, 0.3093)$，依据此方法可以对目标层的各指标权重进行计算，最终得到各指标的综合权重见表 7.19。

表 7.19　树种选择指标权重

项目	土壤适应性	耐寒性	抗病虫害	繁殖特性	生长速度	观赏价值	经济价值
权重	0.1672	0.1392	0.1266	0.1406	0.1171	0.1406	0.1687

将黑龙江干流堤防建设干扰区分为三个气候带，首先从各气候带初步筛选出一部分乡土物种，在此基础上进行生态修复树种评价选择。其中第一气候带初筛出的树种为兴安落叶松、樟子松、白桦、红皮云杉、山杨、胡桃楸、青杨、蒙古栎、黑榆、钻天柳、胡枝子、紫穗槐；第二气候带初筛的树种有银白杨、糠椴、春榆、蒙古栎、长白落叶松、青杨、紫椴、山槐、山杨、榆叶梅、忍冬、卫矛、珍珠绣线菊、胡枝子；第三气候带初筛的树种有钻天杨、小叶杨、银中杨、白榆、糠椴、紫椴、梓树、复叶槭、紫丁香、东北连翘、珍珠绣线菊、小叶丁香、榆叶梅。

利用上述基于 G1 法的模糊综合评判法对三个气候带初筛的树种进行评价。评价结果见表 7.20～表 7.22。

表 7.20　第一气候带树种评价结果

序号	植物名称	综合评价值
1	兴安落叶松	61.7600
2	樟子松	59.1838
3	白桦	78.8738
4	红皮云杉	68.6988
5	山杨	66.9498
6	胡桃楸	74.9369
7	青杨	60.9658
8	蒙古栎	58.3896
9	黑榆	66.2238
10	钻天柳	56.7418
11	胡枝子	73.3056
12	紫穗槐	72.3794

表 7.21　第二气候带树种评价结果

序号	植物名称	综合评价值
1	银白杨	73.6334
2	糠椴	61.5510
3	春榆	69.5260
4	蒙古栎	58.3896
5	长白落叶松	61.7600
6	青杨	62.4970
7	紫椴	59.0606
8	山槐	69.3401
9	山杨	63.6146
10	榆叶梅	72.1407
11	忍冬	72.1253
12	卫矛	69.3401
13	珍珠绣线菊	62.9293
14	胡枝子	73.3056

表 7.22　第三气候带树种评价结果

序号	植物名称	综合评价值
1	钻天杨	64.9016
2	小叶杨	75.4726
3	银中杨	67.3458
4	白榆	75.7806
5	糠椴	61.5510
6	紫椴	59.0606
7	梓树	64.0084
8	复叶槭	64.5606
9	紫丁香	70.6095
10	东北连翘	77.6913
11	珍珠绣线菊	62.9293
12	小叶丁香	76.7651
13	榆叶梅	72.1407

　　根据表 7.20～表 7.22 所得各气候带评价结果，选择评分最高的乔木和灌木作为三个气候带生态修复的树种，其中第一气候带所选乔木为白桦，灌木为胡枝子；第二气候带所选乔木为银白杨，灌木为胡枝子；第三气候带所选乔木为白榆，灌木为东北连翘。

7.5.3　树种生长模拟

　　基于树种适宜性评价结果，本节拟对各气候带适宜树种进行生长量预测分析。但国内外学者关于灌木的生长量研究较少，已有研究无法对灌木的生长量进行预测，因此仅对所选乔木的生长量进行预测分析。

　　1. 模型原理

　　建立单木生长模型的影响因子种类繁多，形式多种多样。因此，为了提高模型的精度与预测结果的准确度，影响因子的选择就显得十分重要。直径生长量在单木生长模型的建立过程中一般是作为其他预估方程的参数，因此对直径生长量的估计是十分必要的。在实际建模过程中，通常预估平方直径定期生长量。所以，选取平方直径的对数作为模型的因变量，选择林木大小、竞争和立地变量 3 个主要因子为自变量构建函数式[143,144]。

$$\ln(\text{DGI}) = f(\text{SIZE},\text{COMP},\text{SITE}) = a + b \times \text{SIZE} + c \times \text{COMP} + d \times \text{SITE}$$

式中，DGI 为林木定期平方直径生长量(带皮)；SIZE 为林木大小因子的函数；COMP 为竞争因子的函数；SITE 为立地因子的函数；a 为截距；b 为林木大小变量的向量系数；c 为竞争变量的向量系数；d 为立地变量的向量系数。

1) 林木大小的影响

通常来讲，直径大小与生长量大小成正比，直径越大，生长量越大。因此，对于林木大小的影响，采用林木胸径(D)的函数形式来表示：

$$b \times \text{SIZE} = b_1 \ln D + b_2 D^2 + D_g \tag{7.5}$$

式中，D 为胸径；D_g 为林分平均胸径。

2) 竞争影响

树木的生长不仅受林木大小的影响，更重要的是竞争对它的影响。树木在生长过程中，都要受到周围相邻树木、竞争环境等影响，而竞争因子的种类繁多。因此，在对竞争影响因子的选择上，既要考虑理论方面的合理性，又要考虑实践上的可行性。因此，常用的竞争指标有：林分每公顷断面积(G)、林分密度指数(SDI)、大于对象木直径的树木断面积之和(BAL)、对象木直径与林分中最大林木直径之比(DDM)、对象木直径与林分平均直径之比(RD)、林分郁闭度(P)、林分中大于对象木的所有林木平方直径和(DL)。具体函数表达式为

$$c \times \text{COMP} = c_1 \times G + c_2 \times \text{SDI} + c_3 \times \text{BAL} + c_4 \times \text{DDM} + c_5 \times \text{RD} + c_6 \times P + c_7 \times \text{DL}$$

$$\tag{7.6}$$

3) 立地条件的影响

立地条件对描述树木的生长也是十分重要的因子，虽然它包括的因子对树木的生长没有直接影响，但是间接影响了树木所处环境的温度、光照强度、湿度等特征。因此，立地条件方面的调查能够更加全面、充分地反映树木的生长。立地条件通常包括坡度、坡向、经度、纬度、土壤、海拔等。具体函数表达式为

$$d \times \text{SITE} = d_1 \times \text{SCI} + d_2 \times \text{SL} + d_3 \times \text{SL}^2 + d_4 \times \text{SLS} + d_5 \times \text{SLC} + d_6 \times \text{SOI} + d_7 \times \text{ELV}$$

$$\tag{7.7}$$

式中，SCI 为立地指数；SL 为坡度，即坡度的正切值；SLP 为坡向，坡向以正东为零度起始，按逆时针方向计算；SLS、SLC 分别为坡率和坡向的组合项，$\text{SLS} = \text{SL} \times \sin(\text{SLP})$，$\text{SLC} = \text{SL} \times \cos(\text{SLP})$，阴坡的 SLS 为正值、SLC 为负值，阳坡正好相反；SOI 为土壤厚度；ELV 为海拔。

将式(7.7)进行整理得到直径生长量的方程为

$$
\begin{aligned}
\ln(\text{DGI}) &= f(\text{SIZE,COMP,SITE}) \\
&= a + b \times \text{SIZE} + c \times \text{COMP} + d \times \text{SITE} \\
&= a + b_1 \ln D + b_2 D^2 + D_g + c_1 \times G + c_2 \times \text{SDI} + c_3 \times \text{BAL} + c_4 \times \text{DDM} \\
&\quad + c_5 \times \text{RD} + c_6 \times P + c_7 \times \text{DL} + d_1 \times \text{SCI} + d_2 \times \text{SL} + d_3 \times \text{SL}^2 + d_4 \times \text{SLS} \\
&\quad + d_5 \times \text{SLC} + d_6 \times \text{SOI} + d_7 \times \text{ELV}
\end{aligned}
$$

$$(7.8)$$

2. 单木生长模型自变量的筛选方法

对单木生长模型自变量进行选择时采用逐步回归方法，模型中引入自变量较多时，随着自变量数量的不断增加，模型的相关系数在增大，采用调整相关指数 R^2 来对模型拟合效果进行评价。

在实际应用中，为了减少森林调查中的作业量，节省人力、物力，所建立的生长模型不应包括太多的变量。因此，当多个变量进入模型时，随着不断向模型中增加变量，模型调整相关指数达到一定数值且不发生较大变化，并且保持在一定的水平上，参考调整相关系数与自变量个数的变化趋势，将模型中对调整相关系数影响小的变量去掉，以得到最终模型。

3. 模型检验

对所建模型进行检验，主要通过计算平均误差、平均绝对误差、平均相对误差、平均相对误差绝对值等指标以及置信椭圆 F 检验方法，利用独立检验样本数据来进行。所用公式如下。

平均误差(ME)：

$$\text{ME} = \frac{1}{n} \sum_{i=1}^{n} (y_i - x_i) \tag{7.9}$$

平均绝对误差(MAE)：

$$\text{MAE} = \frac{1}{n} \sum_{i=1}^{n} |y_i - x_i| \tag{7.10}$$

平均相对误差(MRE)：

$$\text{MRE} = \frac{1}{n} \sum_{i=1}^{n} \left(\frac{y_i - x_i}{x_i} \right) \times 100\% \tag{7.11}$$

式中，设模型预测值为 x_i，实测值为 y_i，n 为检验样本的株数。预估精度计算及置信椭圆 F 检验方法为：模型预测值 x_i 与实测值 y_i 之间建立起一元线性回归方程，模型如下：

$$y_i = \alpha + \beta x_i + \varepsilon_i \tag{7.12}$$

由检验数据 (x_i, y_i)，采用最小二乘法估计参数 α 和 β 的估计值 a 和 b，并计算出回归标准误差($S_{\bar{y}}$)，回归标准差($S_{y.x}$)，误差限(Δ)，模型预测精度(P)，公式如下：

$$S_{\bar{y}} = \sqrt{\frac{\sum_{i=1}^{n}(y_i - \hat{y}_i)^2}{n(n-p)}} \tag{7.13}$$

$$\Delta = t_{0.05}S_{\bar{y}}, \quad P = 1 - \frac{t_{0.05}S_{\bar{y}}}{\hat{\bar{y}}}$$

置信椭圆 F 检验则是在置信水平取为 $1-\alpha$ 时，对回归模型系数 α 和 β 构造联合置信区域。显然，如果实测值 y_i 与预测值 $\hat{y}_i$ 完全一致，则 $\alpha=0$，$\beta=0$。但实际上二者往往不一致。因此，需要检验由样本估计的 a 和 b 的值与它们的真值之间有无显著差异。令 $\alpha=0$，$\beta=0$，构造 F 统计量：

$$F_{(2,n-2)} = \frac{\frac{1}{2}\left[a^2 + 2a(b-1)\sum_{i=1}^{n}x_i + (b-1)^2\sum_{i=1}^{n}x_i^2\right]}{\frac{1}{n-2}\left(\sum_{i=1}^{n}y_i^2 - b\sum_{i=1}^{n}x_iy_i - a\sum_{i=1}^{n}y_i\right)} \tag{7.14}$$

当检验结果无显著差异时，所建立的模型适用于该区域；反之模型误差较大时，则不适用于该区域，需对 a、b 值进行修正。

参考东北地区类似树种生长模型的研究成果[143,144]，其中白桦的生长拟合方程为

$$\ln(\text{DGI}) = -4.6958 + 3.8498\ln D - 0.003D^2 - 0.029D_g + 0.2359\text{SL}$$
$$+ 0.1626\text{SLC} + 0.1107\text{SLS} - 0.1354\text{DDM}$$

$$\tag{7.15}$$

银白杨的生长拟合方程为

$$\ln(\text{DGI}) = -4.39098 + 3.1934\ln D - 0.00304D^2 + 0.6709\text{RD} + 0.00036\text{ELV}$$

$$\tag{7.16}$$

白榆的生长拟合方程为

$$\ln(\text{DGI}) = -4.5417 + 3.5598\ln D - 0.0033G \tag{7.17}$$

4. 树种生长预测结果

1) 白桦生长预测

考虑黑龙江干流堤防建设干扰区的实际情况，树种生长预测时假设林分中所有树木的直径相等，即 DDM=1，$D_g=D$，由于干扰区坡度非常小，可忽略不计，故认为 SL=0。因此白桦的生长拟合方程为

$$\ln(\mathrm{DGI}) = -4.8312 + 3.8498\ln D - 0.003D^2 - 0.029D \tag{7.18}$$

白桦 5 年平方直径生长量随胸径的变化曲线如图 7.61 所示。由图可知，白桦 5 年平方直径生长量随胸径增长呈先增加后减小的趋势，当胸径达到 22cm 时，5 年平方直径生长量达到最大为 142cm²，此后逐渐衰减，当胸径达到 50cm 时，5 年平方直径生长量趋于 0。

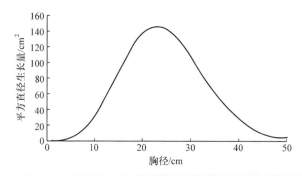

图 7.61　白桦 5 年平方直径生长量随胸径的变化曲线

选取优势木，选择 Logistic、Mitscherlich、Gompertz、Korf、Richards 等常用的生长拟合方程，采用 SPSS 22.0 软件分别对白桦的胸径生长过程进行拟合，并选出最适合的生长方程，得到白桦胸径的生长过程拟合方程为

$$y = 48.658(1 - \mathrm{e}^{-0.071t})^{1.153} \tag{7.19}$$

式中，t 为生长时间，年。

拟合优度 $R^2 = 0.934$。白桦胸径随时间的变化曲线如图 7.62 所示。由图可知，白桦胸径 0～2 年生长较慢，3～12 年生长速度加快，13～60 年生长速度放缓，60 年以后胸径增长幅度很小。

2) 银白杨生长预测

考虑黑龙江干流堤防建设干扰区的实际情况，树种生长预测时假设林分中所有树木的直径相等，即 RD=1。因此银白杨的生长拟合方程为

$$\ln(\mathrm{DGI}) = -3.72008 + 3.1934\ln D - 0.00304D^2 + 0.00036\mathrm{ELV} \tag{7.20}$$

银白杨 5 年平方直径生长量随胸径的变化曲线如图 7.63 所示。由图可知，银

白杨 5 年平方直径生长量随胸径增长呈先增加后减小的趋势。当胸径达到 22cm 时，5 年平方直径生长量达到最大为 35cm^2，此后逐渐衰减，当胸径达到 50cm 时，5 年平方直径生长量趋于 0。

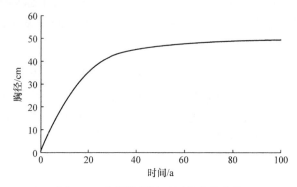

图 7.62　白桦胸径随时间的变化曲线

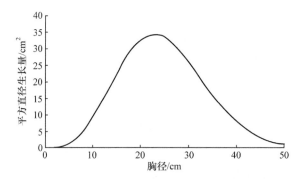

图 7.63　银白杨 5 年平方直径生长量随胸径的变化曲线

选取优势木，选取 Logistic、Mitscherlich、Gompertz、Korf、Richards 等常用的生长拟合方程，采用 SPSS 22.0 软件分别对银白杨的胸径生长过程进行拟合，并选出最适合的生长方程，得到银白杨胸径的生长过程拟合方程为

$$y = 43.634(1 - e^{-0.067t})^{1.642} \tag{7.21}$$

拟合优度 $R^2 = 0.997$。银白杨胸径随时间的变化曲线如图 7.64 所示。由图可知，银白杨胸径 0~3 年生长较慢，4~16 年生长速度加快，17~60 年生长速度放缓，60 年以后胸径增长幅度很小。

3) 白榆生长预测

考虑黑龙江干流堤防建设干扰区的实际情况，白榆的生长拟合方程为

$$\ln(\text{DGI}) = -4.5417 + 3.5598\ln D - 0.0033G \tag{7.22}$$

式中，$G = \dfrac{\pi}{4000} N D_g^2$，$G$ 为每公顷断面积，N 为每公顷株数(乔木株距为 2m×2m，每公顷约 2500 株)，D_g 为平均胸径。

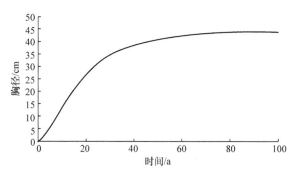

图 7.64 银白杨胸径随时间的变化曲线

白榆 5 年平方直径生长量随胸径的变化曲线如图 7.65 所示。由图可知，白榆 5 年平方直径生长量随胸径增长呈先增加后减小的趋势，当胸径达到 17cm 时，5 年平方直径生长量达到最大为 40cm²，此后逐渐衰减，当胸径达到 40cm 时，5 年平方直径生长量趋于 0。

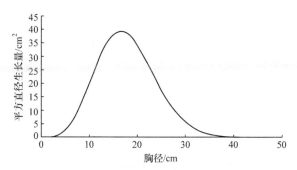

图 7.65 白榆 5 年平方直径生长量随胸径的变化曲线

选取优势木，选取 Logistic、Mitscherlich、Gompertz、Korf、Richard 等常用的生长拟合方程，采用 SPSS 22.0 软件分别对白榆的胸径生长过程进行拟合，并选出最适合的生长方程，得到白榆胸径的生长过程拟合方程为

$$y = 38.785(1 - e^{-0.111t})^{1.84} \tag{7.23}$$

拟合优度 $R^2 = 0.993$。白榆胸径随时间的变化曲线如图 7.66 所示。由图可知，白榆胸径 0～3 年生长较慢，4～12 年生长速度加快，13～40 年生长速度放缓，40 年以后胸径增长幅度很小。

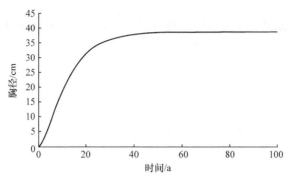

图 7.66   白榆胸径随时间的变化曲线

7.6   典型标段的生态修复方案

7.6.1   方案整体设计

黑龙江干流堤防建设干扰区的生态修复方案根据受损程度、复垦方向、修复物种的不同，相应措施会有所差异。基于干扰区生态受损评价、干扰区土地复垦方向确定、生态修复物种选择的研究结果，对堤防各标段在不同条件下的生态修复方案进行总体设计，见表 7.23。

表 7.23   干扰区各标段生态修复方案总体设计

类别	分类标准	相应措施
受损程度	严重(>30%)	前期人工措施修复为主，为自然修复创造条件
	较重(15%~30%)	人工措施与自然措施并重，需要系统和全面的工程、生物及管理措施
	轻(<15%)	需以自然措施为主、人工措施为辅进行生态修复
复垦方向	耕地	在水平犁沟整地后，种植绿肥
	林地	种植乔木与灌木，并撒播草种，构建乔灌草群落
	草地	土地平整后撒播草种
修复物种	第一气候带	草种选择紫花苜蓿、早熟禾、黑麦草，灌木选择胡枝子，乔木选择白桦
	第二气候带	草种选择高羊茅、紫花苜蓿、早熟禾，灌木选择胡枝子，乔木选择银白杨
	第三气候带	草种选择白车轴草、高羊茅、黑麦草，灌木选择东北连翘，乔木选择白榆

同一标段中不同占用方式会导致生态修复的条件存在差异，根据各标段中不同占用方式的实际情况，基于土地损毁评价、生态修复方向确定及生态修复技术的适用情况，选用相应的生态修复技术，适于各标段不同占用方式的不同条件，见表 7.24。

表 7.24　标段内不同占用方式的生态修复技术

占用方式	工程条件	修复技术
主体工程	新增堤防管理区	按照复垦方向修复
	上堤道路	采用生态植被毯技术修复
临时道路	连接各施工场地间的道路	道路拆除后，按照复垦方向修复
取土场	边坡(<45°)	削坡后铺设植生袋修复
	边坡(>45°)	分级削坡后采用挂网喷播技术修复
	堤防内部取土场底部	常年积水，采用人工浮床技术修复
	堤防外部取土场底部	土地平整后按复垦方向修复，坡脚铺设砾石
弃渣场	受损程度为轻度或中度	坡面清理后，采用液压喷播修复
	受损程度为重度	采用土工格室增加坡面稳定性后喷播修复
施工生产生活区	工人施工与生活用地	原有设施拆除后，按照复垦方向修复

7.6.2　生态修复方案示例

黑龙江干流堤防建设干扰区共分 23 个标段，在设计生态修复方案时选取第 1 标段、第 7 标段、第 13 标段、第 17 标段、第 20 标段以及第 22 标段作为典型标段。第 1 标段的干扰区中包含堤防建设的五种占用方式，因此以黑龙江干流堤防建设干扰区第 1 标段作为示例，进行生态修复方案的说明。

通过构建生态健康评价指标体系，运用模糊物元模型评价的结果显示第 1 标段的受损程度为 19.96%，因此第 1 标段属于受损较重的地区，需采用一系列工程、生物以及管理措施进行生态修复，确保生态修复能够有效实施，并取得预期效果。复垦方向为草地。生态修复的物种根据草种以及树种适宜性评价，草本选择紫花苜蓿、早熟禾以及高羊茅，灌木选择胡枝子，乔木选择白桦。

1. 主体工程

通过构建的土地损毁评价指标体系进行评价后的结果显示，第 1 标段主体工程的土地损毁评价结果为中度损毁，因此需要对第 1 标段的主体工程进行常规修复。

对土地复垦适宜性评价结果与实际情况进行综合分析后，得出第 1 标段主体工程最终的复垦方向为林地/草地。根据主体工程的占地方式，将需要进行修复的区域分为新增堤防管理区和上堤道路两部分，采用不同的方法进行修复。新增堤防管理区采用乔灌草搭配技术；上堤道路主要采用生态植被毯技术。主体工程生态修复布置如图 7.67 所示。

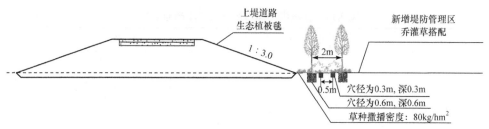

图 7.67　第 1 标段主体工程生态修复方案布置示意图

1) 新增堤防管理区

对于新增堤防管理区，施工结束后按原地貌进行修复。占用耕地区域，采取水平犁沟整地方式进行复耕；占用草地区域采用撒播草种进行防护，草种为紫花苜蓿、高羊茅与早熟禾，并增加当地类似地貌作业面上的乡土草种的种子，使次生植被在今后的数年内逐渐与自然生态植被融合。草坪播种选择优良种子，不得含有杂质，播种前应做发芽试验和催芽处理，确定合理的播种量。播种时应先浇水浸地，保持土壤湿润，稍干后将表层土耙细耙平，进行撒播，均匀覆土 0.3～0.5cm 后轻压，然后喷水。播种后应及时覆盖遮阳网防止水冲造成斑秃，喷水点宜细密均匀，浸透土层 8～10cm，除降雨天气，喷水不得间断。遮阳网至发芽时撤除。占用林地区域采用乔灌草搭配技术进行防护，乔木的株行距 2m×2m，灌木的株行距 0.5m×0.5m，草种撒播密度 80kg/hm²，乔木栽植量约 5587 株，灌木栽植量约 89530 株，草种撒播工程量约 179.2kg。

2) 上堤道路

上堤道路的边坡采用生态植被毯技术进行修复。具体步骤如下：①平整坡面。清除坡面上的杂草、草根、坡面垃圾等不利于草籽生长的杂质，之后人工用铁耙将坡面耙平，使坡面有利于草籽、肥料铺设。②草毯铺设。从坡顶填埋层开始由上向下顺平摊开，坡面顶端处用 U 形铆钉固定在坡面上，头尾搭接处缝合或重叠 4～8cm 用铆钉固定，搭接时新铺设层要放在下面，而铆钉要使用 U 形铆钉(铆钉长 6cm 以上，弯钩约 2cm)，草毯铺设面积约为 1.30hm²。③草种喷播。坡面浇水后，将处理好的种子与纤维、黏合剂、保水剂、复合肥、缓释肥、微生物菌肥等，经过喷播机搅拌混匀成喷播泥浆，在喷播泵的作用下，均匀喷洒在处理好的坡面上，形成均匀的覆盖物保护下的草种层。④养护管理。根据土壤肥力、湿度、天气情况追施化肥并洒水养护。

2. 临时道路

通过构建的土地损毁评价指标体系进行评价后的结果显示，第 1 标段临时道路的土地损毁评价结果为中度损毁，因此，需要对该标段的临时道路进行常规修复。

黑龙江干流堤防工程场内交通采用公路运输方式，临时道路主要是各施工现场、料场、施工生产生活区之间的联通道路。第 1 标段临时道路均为新建道路，无维修道路。

对土地复垦适宜性评价结果与实际情况进行综合分析，得出第 1 标段临时道路最终的复垦方向为草地。该标段临时道路生态修复的思路为首先进行土壤处理，然后进行普通喷播，最后进行养护管理。首先将营养改良材料(木屑等)掺入临时道路中，回填剥离的表土并进行土地平整。草种为紫花苜蓿、高羊茅与早熟禾，质量比 1∶1∶1 混合后可增加当地类似地貌作业面上的乡土草种的种子，使次生植被在今后数年内逐渐与自然生态植被融合。草种撒播前，预先 1～2 天将草种浸水。撒播时根据设计比例将处理好的草种和混合料拌和，均匀地撒播到已备好的表土区内，草种撒播密度为 80kg/hm²，草种撒播量约 96kg。撒播结束后应及时覆盖无纺布，待草长到 5～6cm 或 2～3 片叶时揭去。之后根据土壤肥力、湿度、天气情况追施化肥并洒水养护。

3. 取土场

第 1 标段建设布置取土场中洛古河堤防料场位于堤防外部，北极村 2#料场位于堤防内部，因此分别针对取土场的两种不同情况进行修复方案设计。

1) 洛古河堤防料场

通过构建的土地损毁评价指标体系进行评价后的结果显示，洛古河堤防料场的土地损毁评价结果为重度损毁，因此需要对洛古河堤防料场进行重点修复；土地适应性评价分析后，得出洛古河堤防料场最终的复垦方向为草地。

洛古河堤防料场的生态修复分为三部分进行：边坡、土地平整区及砾石区。其中，边坡运用植生袋技术，实现生态修复的同时增加边坡稳定性；土地平整区在平整后呈 3%的坡度，防止渍水；砾石区能增加地面的糙率，降低雨水的冲刷作用，降低水土流失强度。具体修复方案如图 7.68 所示。

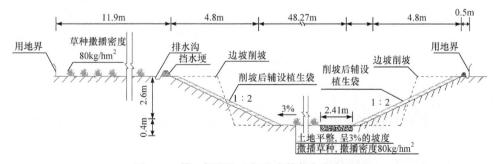

图 7.68　第 1 标段取土场生态修复方案布置图

(1) 边坡生态修复设计。

本取土场挖深约 3m，深度相对较小，因此在生态修复过程中将边坡坡比削至 1：2，以增强边坡的稳定性，由于坡度较小，采用植生袋技术对边坡进行生态修复，具体操作步骤如下。

① 准备机具、物资及组织人员。

做好设备调配，对挖土设备、运输车辆及各种辅助设备进行维修检查、试运转，并运至使用地点就位；准备好施工用料及工程用料，按施工平面图要求堆放。组织并配备土方工程施工所需的各专业技术人员、管理人员和技术工人；组织安排好作业班次；制定较完善的技术岗位责任制和技术、质量、安全、管理网络，建立技术责任制和质量保证体系。

② 边坡削坡。

为保证取土场的安全，确保生态修复的效果，对于取土后形成的坡度大于 25° 的边坡进行削坡。削坡施工首先需要测量放线，然后依次进行机械与人工削坡，最后进行检查、处理与验收。

根据施工程序，在测量人员放出设计开口线后，现场施工人员立即在开口线上打桩、拉线，然后反铲就位开挖；在临近设计边坡时，现场施工人员采用水平尺和自制的坡度尺跟踪检验并校核坡比，测量队定期检查边坡是否符合设计要求；开挖边坡的平整度则由施工人员的技术控制。

机械削坡首先进行测量定位，根据设计图确定开挖范围、深度、坡度及分层情况；由测量人员现场放样、现场施工人员和质检人员跟踪打桩，然后现场施工人员根据交样单挂线立杆，控制开口线；削坡开挖必须符合设计图纸和相关文件的要求。对监理人确认其基础不能满足设计图纸规定开挖要求的部位，严格按监理人的指示进行；反铲削坡首先要控制其行走方向，履带板要与边坡面平行，这样对施工人员的视觉有很大的好处，使其可以依据履带板行走来控制相邻部位的坡度一致，避免或减少频繁的检验和校核工作。

在局部坡面较长或地质条件较差的部位，主要采用反铲分层接力的方法开挖，挖掘次序从上到下，根据坡面长度不同，用 2 台或 3 台反铲在作业面上同时挖土，边挖土边将土向上传递，并装入装载机。开挖时严格控制开挖深度，预留 20cm 的保护层，该层只能由人工开挖以保护堤身原状土不受扰动，以便控制边坡，避免起挖和欠挖。

开挖中遇到坚硬孤石时，按监理人的指示进行施工处理。开挖过程中随时注意土层的变化，挖掘机与边坡保持一定的安全距离，确定每次的挖装深度，避免出现异常情况，保证设备安全。所有削坡开挖除监理人另有指示外均为旱地开挖，开挖前挖好截水、排水设施，用于排出开挖施工中的地下水和施工用水；同时根据施工现场的需求设置临时排水设施与截水设施；开挖过程中准备 2 台 7.5kW 排污泵用来排水。施工中确保排水畅通，防止由排水不畅引起的边坡失稳。

机械开挖完成后及时进行人工削坡，对预留的 20cm 保护层土用人工清理，以平台为界，分上下两层，先进行下层面的人工削坡，后进行上层面的人工削坡。开挖后及时对基础面尺寸和土体质量进行检查、整修和处理，确保基础面平整坚实，没有突起、松动块体、虚土浮渣等缺陷。基础面完工后必须进行必要的保护。

③ 植生袋安装。

对于洛古河堤防料场削坡平整后的边坡修复采用植生袋法。具体施工步骤为：在贴近挡渣墙内侧挖沟，沟深 0.8m，然后安置立桩，立桩间距为 0.55m，回填土并压实，利用横杆将立桩连接并固定。植生袋装袋。种子选用紫花苜蓿、高羊茅与早熟禾，按照质量比 1∶1∶1 混合，并增加当地类似地貌作业面上的乡土草种，与纤维、黏合剂、保水剂、复合肥、缓释肥、微生物菌肥等搅拌混匀装入植生袋中。植生袋铺设。将植生袋自下沿坡向上铺设。第一排植生袋按纵向铺设，并顶紧木桩，第二排向上按横向铺设并压实。每两层植生袋的铺设位置呈品字形结构。若有空隙，用土填平并压实。坡顶最后一排植生袋按纵向铺设。

④ 养护管理。

安排养护工作人员全年进行养护管理，绿化、养护管理工作需要一年四季不间断进行。其内容有浇水排水、病虫害防治、防寒等。

由于本取土场为重度损毁，在此基础上加上封山育林措施。具体措施为：为防止堤防生态修复区周边动物进入复垦场地而对草地植被进行破坏，影响植被的恢复效果，在复垦场地周围设置铁丝网围栏。围栏设计防护高度为 1.20m，设计材料为钢筋硅桩加刺铁丝。建立封禁制度。由县、乡两级政府在小流域内行文公告，禁止任何人擅自在封禁区内进行割草、放牧等生产活动。

(2) 土地平整区生态修复。

① 平整施工场地。

对有利用价值的表土进行剥离和保存处理；凡在施工区域内，影响工程质量的软弱土层、淤泥、腐殖土、大卵石、孤石、垃圾、树根、草皮以及不宜做回填土的稻田湿土、冻土等应根据不同情况全部挖除或设排水沟疏干。

② 草种撒播。

草种为紫花苜蓿、高羊茅与早熟禾，按照质量比 1∶1∶1 混合后可增加当地类似地貌作业面上的乡土草种，使次生植被在今后数年内逐渐与自然生态植被融合。根据设计比例将处理好的草种和混合料拌和，均匀地撒播到已备好的表土区内，草本植物种子在撒播前浸种 1～2h，使种子吸水湿润。草种撒播密度为 80kg/hm^2，草种撒播量为 80kg。

③ 养护管理。

安排养护工作人员全年进行养护管理，绿化、养护管理工作需要一年四季不间断地进行。其内容除必需的浇水排水、病虫害防治、防寒外，还需要进行施肥。

2) 北极村 2#料场

通过构建的土地损毁评价指标体系进行评价后的结果显示，北极村 2#料场的土地损毁评价结果为重度损毁，因此需要对北极村 2#料场进行重点修复；土地适应性评价分析后得出北极村 2#料场最终的复垦方向为草地。

针对北极村 2#料场取土后植被损毁严重的现状，取土场的生态修复分为三部分分别进行：边坡、土地平整区及积水区。其中，边坡由于挖深较小，运用植生袋技术，实现生态修复的同时增加边坡稳定性；土地平整区在平整后呈 3%的坡度，撒播草籽进行修复，边坡与平整区的修复方案与洛古河堤防料场类似；积水区采用人工浮床，在美化景观的同时，保证存蓄积水的水质。

由于取土场位于堤内，且积水区地势最低，取土场平台和边坡的积水与地下水的补给可以使得积水区的水位常年维持在一定水平，形成一定面积的水面。采用人工浮床技术对该面积的取土场进行生态修复，具体操作步骤如下。

(1) 植物选择。

植物选择方面既要考虑对水质的净化效果，又要体现一定的观赏价值，形成景观效果良好的水面绿化，因此植物在选择时要求：适应能力强；根系发达，根茎繁殖能力强；植株优美，有一定的观赏性，尤其是注重四季常绿的品种。

植物选择可重点考虑东北地区特有的水生植物，如塔头、小叶章、睡莲等。在美化环境和净化水质的同时，突出本地特色。

(2) 植物布置。

选取的植物从内侧至外侧，依次为 2.5m 挺水植物，1.5～2m 挺水植物，30cm 浮水植物。2.5m 挺水植物包括再力花、花叶芦竹等，1.5～2m 挺水植物包括黄菖蒲、美人蕉、西伯利亚鸢尾等，30cm 浮水植物包括香菇草、聚草等。香菇草和聚草在水体中盖度较大，可以有效地覆盖载体结构，使自然水体相连在一起，突出其连续性。

(3) 人工浮床的选择。

人工浮床可采用竹木、藤草、芦苇帘子等纯天然材料，捆绑搭建成浮床载体，在上面填上种植土，然后栽植植物，其特点为绿色环保、造价低廉。

(4) 植物栽植

在浮床的每个圆形苑中栽种一棵或一蔸水生植物，用泥土或弹性材料固定。水生植物通常应先栽植在容器内，然后放入水中。避免疏松的土壤直接入池产生浑浊，增加养护过程中枯枝、残叶消除的难度。使用水生植物专用土，上面加盖粗砂砾，防止鱼类的活动影响土壤。一般沉水植物多栽植于较小的容器中，将其分布于池底，栽植专用土上面加盖粗沙砾；挺水植物单株栽植于较小容器或几株栽植于较大容器，并放置于池底，容器下方加砖或其他支撑物使容器略露出水面；

睡莲应使用较大容器栽植，然后置于池底，种植时生长点稍微倾斜，不用粗砂砾覆盖；荷花种植时注意不要伤害生长点，用手将土轻轻压实，生长点稍露出即可。

(5) 生态浮床的固定。

在水下插 4～6 根桩，固定浮床的四个角或在浮床的四个角和两边的中间各插 1 根桩，桩和浮床四角制作控制高低的调节器，根据所栽种水生植物的需要调节浮床沉水深度。另外，考虑到河漫滩可能会被洪水淹没，因此采用柔性连接的方法，利用绳索将浮床固定在四周的坡面或坑底。

(6) 养护管理。

工作人员及时清理枯萎的水生植物叶子，清除生长于浮岛上的杂草等，确保景观效果。对由天气变化等导致的突发事故，实行预警和应急处理。建立生态浮床突发事件预警机制，及时应对外来自然因素及人为因素的影响，特别是暴雨情况下，做好积极应对涨潮、落潮及河水流速变化对浮床载体造成的冲击。

4. 弃渣场

通过构建的土地损毁评价指标体系进行评价后的结果显示，第 1 标段弃渣场的土地损毁评价结果为中度损毁，因此需要对该标段的弃渣场进行常规修复。

根据土地复垦适宜性评价结果与实际情况综合分析，得出第 1 标段弃渣场最终的复垦方向为草地。由于该标段弃渣场坡度为 1∶3，坡度较缓，针对这种情况采用液压喷播的方法，具体步骤为：①作业面清理。清除坡面上的杂草、草根、坡面垃圾等不利于草籽生长的杂质，之后人工用铁耙将坡面耙平，使坡面有利于草籽、肥料铺设。②材料拌和及喷播。按配方将种子、肥料、木纤维、保水剂、黏合剂、增绿剂等加水拌和，用喷播机均匀喷洒在坡面上。③覆盖无纺布。在喷播完成后盖上无纺布，以减少强降水对种子的冲刷，同时也减少边坡表面水分的蒸发，从而进一步改善种子的出芽、生长环境。30～45 天后待草苗长到一定高度时揭布。由于选择了适合当地气候、土壤条件的粗放型管理的灌木种及草种，成坪后一般不需要人工养护管理，若天气长期持续干旱，则应适当予以浇水养护。④养护管理。根据土壤肥力、湿度、天气情况追施化肥并洒水养护。洒水必须采用喷洒的方式，不可直流冲击，以避免撒播的草籽移位。液压喷播工程量约为 $3.90hm^2$。

5. 施工生产生活区

通过构建的土地损毁评价指标体系进行评价后的结果显示，第 1 标段施工生产生活区的土地损毁评价结果为中度损毁，因此可采用人工播种技术进行生态修复治理。

对土地复垦适宜性评价结果与实际情况进行综合分析，得出第 1 标段施工生产生活区最终的复垦方向为草地。第 1 标段施工生产生活区生态修复具体步骤如下。

1) 作业面清理

清除作业面杂物及松动岩块，对坡面转角处及坡顶的棱角进行修整，使之呈弧形，尽可能将作业面平整，以利于人工播种施工，同时增加作业面绿化效果。

2) 播种

人工植被技术是通过人工简单播撒草种或者种植小型灌木的一种传统植物防护措施。土地清理后，在不利于植物生长的土壤上首先在坡上铺一层厚度为 10～20cm 的种植土，耙松土表面，均匀撒布护坡草籽或种植小型灌木。

植物的种子为紫花苜蓿、高羊茅与早熟禾，并增加当地类似地貌作业面上的乡土草种的种子，使次生植被在今后数年内逐渐与自然生态植被融合。

3) 覆盖

为保证多雨季节植物种子生根前免受雨水冲刷，寒冷季节植物种子和幼苗免受冻伤害，以及正常施工季节的保温保湿，要求播种后采用无纺布覆盖，其目的一是预防成型后的作业面被雨冲刷；二是可保温、保湿，促进植物生长。当草苗长到 6～8cm 或 4～5 片真叶时揭掉无纺布，揭之前应适当练苗，然后逐步揭布，注意不要在大晴天猛然揭布，并及时喷灌水。

4) 养护管理

植物种子从出芽至幼苗期间，必须浇水养护，保持土壤湿润。每天早晨浇一次水(炎热夏季早晚各浇水一次)，浇水时应将水滴雾化(有条件的地方可以安装雾化喷头)，随后随植物的生长可逐渐减少浇水次数，并根据降水情况调整。

在草坪草逐渐生长的过程中，对其适时施肥和防治病虫害，施肥坚持多次少量的原则。播种完成后一个月，应全面检查植草生长情况，对生长明显不均匀的位置予以补播。

7.7 本 章 小 结

从土地、生态、景观三个层次构建黑龙江干流堤防建设干扰区生态修复技术体系，确定各工程单元的生态修复模式。结合已确定的适宜土地复垦方向，综合运用指标评价、种植试验与数值模拟等方法确定生态修复中适宜的草种与树种。根据所选取的典型案例的区域差异性，结合原有景观带的特征，因地制宜地选择合适的生态修复方案。结论如下。

(1) 土地复垦的主要目标是恢复破坏的土地，使其达到可供利用的状态；生态修复的主要目标是恢复后的生态系统在结构和功能上能自我维持，对正常幅度的干扰和环境压力表现出足够的弹性，能与相邻生态系统有生物、非生物流动；景观重塑的目标是消除或减弱对修复生态系统的健康和完整性构成威胁的潜在因素，与当地景观相协调。阐述了生态修复方案制定的原则，包括因地制宜的原则、自然恢复和人为措施相结合的原则、风险最小效益最大原则和可行性原则。

(2) 通过总结提炼，得到适用于黑龙江干流堤防建设干扰区生态修复方案的国内外现有的生态修复措施，主要包括水土流失控制与保持技术、土壤改良技术、植被修复技术等；符合黑龙江干流堤防建设干扰区的生态修复模式主要有植被立地条件修复、植物群落修复、生态经济、生态景观四种。对于植物立地条件破坏严重、植物不能正常生长的干扰区，需首先通过土壤改良、液压喷播、生态植被毯、植生袋、挂网客土喷播、土工格室等技术手段修复植被的立地条件，并增加封山育林措施，降低人类活动对生态修复的干扰；对于植被立地条件破坏较轻或已恢复立地条件的干扰区，可进行植物群落的修复，植物群落可根据确定的复垦方向划分为耕地群落修复、林地群落修复及草地群落修复；生态经济模式在生态修复的同时考虑经济发展，通过构建农-渔-牧、草-畜-沼气及乔-灌-草-沼气模式，实现社会、经济和生态的全面发展；生态景观模式则是从功能性出发，通过生境设计与营造，将干扰区改造为主题公园等方式，实现生态修复与自然景观的有机结合。

(3) 运用层次分析法评选出不同气候带最适宜的草种，结合种植试验数据建立了以 WOFOST 模型为基础的草生长模型。第一气候带最为适宜的草种是早熟禾、黑麦草与紫花苜蓿；第二气候带最为适宜的草种是紫花苜蓿、高羊茅与早熟禾；第三气候带最为适宜的草种是白车轴草、高羊茅与黑麦草。数值模拟结果显示，黑麦草和高羊茅达到 LAI 峰值用时最短，比其他草种提前约 50 天；而紫花苜蓿与白车轴草的 LAI 峰值最大，均可达到 5 以上，说明其用于生态修复的效果较好。各气候带均按质量比 1∶1∶1 进行组合混播，可实现不同生长周期、不同覆盖程度的有机结合。

(4) 利用基于 G1 的模糊综合评判法对树种适宜性进行评价，并给出不同气候带最适宜的树种，建立了乔木单木生长模型以预测乔木生长趋势。第一气候带所选乔木为白桦，灌木为胡枝子；第二气候带所选乔木为银白杨，灌木为胡枝子；第三气候带所选乔木为白榆，灌木为东北连翘。

(5) 针对典型标段各工程单元的不同受损程度制定了不同的生态修复方案。对于主体工程，分为新增堤防管理区与上堤道路两个部分，新增堤防管理区根据复垦方向采用乔灌草搭配技术或草种撒播进行处理，上堤道路采用生态植被毯技术进行生态修复。对于临时道路，按照复垦方向采用林灌草搭配技术或草种撒播进行处理。取土场修复方案划分为边坡与坑底两部分：边坡按照坡度是否大于 45°分别采用挂网喷播与植生袋法进行修复。坑底根据堤防位置分为两类，对于堤防内部取土场，将其划分为土地平整区与积水区，土地平整区采用撒播草种进行修复，积水区采用人工浮床技术处理；对于堤防外部取土场的坑底，将其划分为土地平整区和砾石区，土地平整区采用撒播草种进行修复，砾石区上方铺设植生袋进行生态修复。对于受损程度为轻度或中度的弃渣场，在坡面清理后采用喷播法进行生态修复；对于重度受损的弃渣场，为防止雨水冲刷形成滑坡，采用土工格室喷播技术进行生态修复。对于施工生产生活区，首先进行作业面的处理，然后根据复垦方向采用乔灌草搭配技术或草种撒播进行处理。

第 8 章　生态修复效果预测

一套完整的生态修复方案研究，不仅要给出具体的实施方案，还应辅以修复效果预测，以便在实际操作过程中能够随时参照预测效果，做出适当的调整与纠正，使得修复过程得到有效的监控。因此，在开展生态修复实施工作之前，选择合适的指标与评价方法，科学地对生态恢复效果做出合理预测是十分必要的。

8.1　植被覆盖度预测

利用遥感技术对选取的各典型标段原有林地、草地样本进行分析，得到 2015 年 6～8 月草地和林地的归一化植被指数(normalized difference vegetation index，NDVI)的最大值与最小值作为植被覆盖度计算的基础。通过构建数学模型分别对林地和草地进行 LAI 预测，结合相关学者提出的不同植被类型的 NDVI 与 LAI 的相关关系[145]，得到不同年份的 NDVI，进而预测出不同年份的植被覆盖度。

$$VFC = \frac{NDVI - NDVI_{min}}{NDVI_{max} - NDVI_{min}} \tag{8.1}$$

式中，VFR 为植被覆盖度；NDVI 为归一化植被指数；$NDVI_{min}$、$NDVI_{max}$ 分别为研究区内 NDVI 的最小值和最大值。

8.1.1　干扰前 LAI 值获取

绿色植物在光照条件下发生光合作用，强烈吸收可见光，尤其是红光。红光波段反射率包含植冠顶层叶片的大量信息。在近红外波段，植被有很高的反射率、透射率和很低的吸收率，因此，近红外反射率包含冠层内叶片的很多信息。植被的这种光谱特征与地表其他因子的光学特性存在很大差别。这就是 LAI 遥感定量统计分析的理论依据。

传统的多光谱植被指数是由红光(R)和近红外(NIR)两个波段得到的，NDVI 作为应用最广泛的两波段植被指数之一，常应用于 LAI 的定量计算中。研究表明，LAI 与胸径平方和树高的乘积有显著的指数相关性，边材面积与叶面积具有很高的相关性，林冠开阔度与 LAI 呈较好的指数关系。

NDVI 获取的具体步骤如下：

(1) 在 ENVI 软件中打开经过辐射定标和大气校正处理后的 Landsat-8 多光谱影像，选取堤防建设干扰区为研究区。

(2) 使用掩膜工具遮盖水域、建筑用地、岩土和裸石等对可见光高反射的区域。

(3) 在 Toolbox 中打开 NDVI 工具面板，输入文件类型选择 Landsat OLI，红外波段、近红外波段分别为 B4 和 B5。转换为归一化植被指数图像，输出数据类型选择浮点型。

NDVI 计算面板及遥感估算结果如图 8.1 和图 8.2 所示。

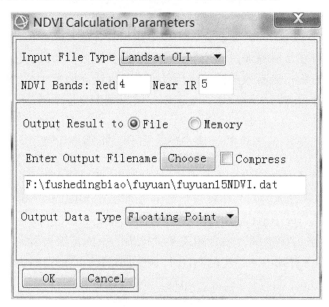

图 8.1　NDVI 计算面板

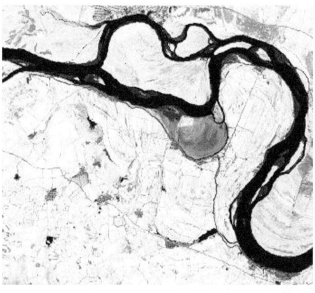

图 8.2　NDVI 遥感估算结果

(4) 得到研究区的统计结果。从 Toolbox 中打开 computer statistic 工具，对所选区域的 NDVI 进行统计。研究区 NDVI 特征值与累积概率分布如图 8.3 所示。

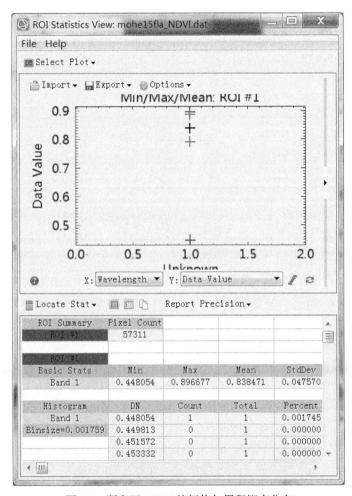

图 8.3　研究区 NDVI 特征值与累积概率分布

8.1.2　草地 LAI 预测

运用 WOFOST 模型对修复后 5 年内的 LAI 进行预测。通过种植试验的相关结果进行推算，得到不同年份的播种量，代入模型中，模拟出不同气候带修复时的 LAI，进而分析修复的效果。具体步骤为：首先根据撒播草种的质量、发育成植株的数目、单株植物成熟时结种子数、种子的出芽率等一系列实测资料与草种基本参数，推算出不同修复年份等价的草种播种量，然后把不同播种量作为参数输入模型中，运行后得到 LAI 的值，见表 8.1。

表 8.1　典型标段草地 LAI 预测值

典型标段	LAI					
	干扰前	修复 1 年	修复 2 年	修复 3 年	修复 4 年	修复 5 年
第 1 标段(漠河市)	6.27	5.12	5.85	6.27	6.69	7.13
第 7 标段(黑河市)	6.14	4.81	5.25	5.72	6.26	6.94
第 13 标段(逊克县)	6.45	4.81	5.25	5.72	6.26	6.94
第 17 标段(嘉荫县)	6.61	4.81	5.25	5.72	6.26	6.94
第 17 标段(萝北县)	6.53	4.34	4.88	5.11	5.93	6.63
第 20 标段(同江市)	6.19	4.34	4.88	5.11	5.93	6.63
第 22 标段(抚远市)	6.06	4.34	4.88	5.11	5.93	6.63

　　从模拟结果可以看出，各气候带 LAI 在恢复初期均呈现增长趋势，第一气候带草种的 LAI 修复得较第二气候带与第三气候带快，通过对比分析三个气候带的降水、气温与日照等因素，得出主要原因是第一气候带的太阳辐照量在 6~8 月相对较高。草种在春季撒播，撒播后，三个气候带的降水与气温均满足种子出芽生长的条件；在 6~8 月，种子仍处于生产状态，太阳辐照量相对较多的地区草种生长得也会较好。

　　将修复不同年份的 LAI 与干扰前的 LAI 进行对比可以得出以下结论：第一气候带(漠河市)修复 3 年时即可达到干扰前的水平，主要原因：首先，第一气候带(漠河市)干扰前的 LAI 相较于第 13 标段、第 17 标段较小；其次，由于太阳辐照度差异，第一气候带较其他气候带草种生长得快。第二气候带(黑河市)恢复 4 年可达到干扰前的 LAI，主要原因是干扰前的 LAI 相对于逊克县和嘉荫县小，第二气候带(逊克县、嘉荫县)需修复 5 年才能达到干扰前的 LAI；第三气候带的萝北县、抚远市及同江市均需要 5 年才能恢复至干扰前的 LAI。

8.1.3　林地 LAI 预测

　　黑龙江干流堤防建设干扰区生态修复方案中选用的树苗初始胸径为 5cm，利用乔木生长预测模型对所选乔木进行预测得到不同时期的胸径，然后根据已有文献对类似乔木 8 月的胸径与 LAI 的相关关系进行研究[146]，得到 LAI 与胸径 D 的相关方程为 $LAI = 0.974423 + 0.208745D$，利用此相关方程预测不同年份林地的 LAI，同一气候带所选择的树种一致，因此在进行预测时认为同一气候带的 LAI 变化趋势一致。各典型标段干扰前林地 LAI 及采取修复措施后林地 LAI 预测结果见表 8.2。

表 8.2　典型标段林地 LAI 预测值

典型标段	LAI									
	干扰前	修复 5 年	修复 6 年	修复 7 年	修复 8 年	修复 9 年	修复 10 年	修复 11 年	修复 12 年	修复 13 年	修复 14 年
第 1 标段	5.55	3.98	4.42	4.84	5.25	5.63	5.98	6.32	6.63	6.94	7.22
第 7 标段	5.83	3.46	3.77	4.11	4.42	4.71	5.00	5.27	5.55	5.80	6.05
第 13 标段	5.46	3.46	3.77	4.11	4.42	4.71	5.00	5.27	5.55	5.80	6.05
第 17 标段 (嘉荫县)	5.94	3.46	3.77	4.11	4.42	4.71	5.00	5.27	5.55	5.80	6.05
第 17 标段 (萝北县)	5.91	4.02	4.46	4.86	5.23	5.57	5.90	6.19	6.49	6.74	6.97
第 20 标段	5.84	4.02	4.46	4.86	5.23	5.57	5.90	6.19	6.49	6.74	6.97
第 22 标段	6.50	4.02	4.46	4.86	5.23	5.57	5.90	6.19	6.49	6.74	6.97

由表 8.2 可知，三个气候带的林地 LAI 预测值都有随时间增长的趋势，其中第 1 标段恢复速度最快，采取修复措施后 9 年林地 LAI 能够达到原有状态，这是由于干扰前第 1 标段的 LAI 值较小，且白桦具有生长速度快的特点。第 7 标段和第 17 标段(嘉荫县)恢复最慢，采取修复措施 14 年后林地 LAI 能够达到原有状态，这是由于干扰前第 7 标段和第 17 标段(嘉荫县)的 LAI 相对较高，且银白杨生长速度相对较慢。其余标段在 10~13 年能够恢复到原有状态。

综上所述，采取生态修复措施后，所有典型标段的生态状况在一定时间内都能够得到恢复，其中，修复为草地的地区最快在 3 年后能够恢复到原有状态，最晚在 5 年后能够恢复到原有状态；修复为林地的地区最快在 9 年后能够恢复到原有状态，最晚在 14 年后能够恢复到原有状态。

8.1.4　植被覆盖度预测结果

通过研究人员提出的不同植被类型 NDVI 与 LAI 的对应关系，得到各典型标段干扰前林地、草地的 NDVI。通过得出的 LAI 预测值，结合干扰区不同类型面积的资料，计算得到典型标段恢复不同年份的 NDVI 预测值，见表 8.3。

表 8.3　典型标段 NDVI 预测值　　　　　　　　(单位：%)

时间	第 1 标段	第 7 标段	第 13 标段	第 17 标段	第 20 标段	第 22 标段
干扰前	60.61	41.70	45.68	36.12	34.47	27.60
修复 1 年	25.28	16.09	25.45	21.13	23.28	14.51
修复 2 年	34.73	25.07	47.29	25.19	35.93	23.24

续表

时间	第 1 标段	第 7 标段	第 13 标段	第 17 标段	第 20 标段	第 22 标段
修复 3 年	41.32	33.59	69.49	28.69	45.78	30.21
修复 4 年	47.82	35.69	69.55	29.80	45.90	31.05
修复 5 年	56.85	37.61	69.60	30.89	46.05	31.88
修复 6 年	66.03	39.41	69.65	31.90	46.19	32.72
修复 7 年	76.28	42.08	69.72	33.36	46.36	33.55
修复 8 年	83.44	44.74	69.80	34.75	46.50	34.39
修复 9 年	88.72	47.59	69.87	36.16	46.59	35.22
修复 10 年	94.01	50.87	69.96	37.74	46.67	36.06

8.2　水土流失强度预测

选择通用土壤流失方程(universal soil loss equation，USLE)对干扰区修复不同年份的水土流失强度进行预测[147]。USLE 是美国农业部开发的用于估算长期平均土壤流失量的经验模型，能够预测土壤类型、降雨以及地形相结合条件下的平均土壤侵蚀速率。

$$A=RKLSCP \tag{8.2}$$

式中，A 为计算得到的单位面积上的土壤流失量，其单位与 K 单位相同，其预报时间段和 R 的时间段相同；R 为降雨和径流因子，即降雨侵蚀力再加上表示因融雪或外加水量而产生的径流；K 为土壤可蚀性因子，即在标准单位上测定的土壤在单位降雨侵蚀力作用下的土壤流失速率；L 为坡长因子，S 为坡度因子，反映坡长与坡度对水土流失强度的影响；C 为植被覆盖和管理因子，即在一定的覆盖和管理措施下，一定面积土地上的土壤流失量与采取连续清耕、休闲处理相同面积土地上的土壤流失量的比值；P 为水土保持措施因子，即采取了等高耕作、带状种植或修筑梯田等水土保持措施时的土壤流失量与顺坡种植条件下土壤流失量的比值。

8.2.1　水土流失强度影响因子计算

1. 降雨侵蚀力因子

降雨侵蚀力[148]是降雨引起土壤侵蚀的潜在能力，它是降雨量、降雨强度、雨

型和雨滴动能的函数。国内外一些学者根据降雨观测资料提出了降雨侵蚀力简易算法，即

$$R = \sum_{i=1}^{12} 0.0125 P_i^{1.6295}$$ 　　(8.3)

式中，R 为降雨侵蚀力，$\mathrm{MJ \cdot mm/(hm^2 \cdot h \cdot a)}$；$P_i$ 为月降雨量，mm。

此外，王万中等[149]根据我国各地的降雨资料绘制了全国年平均降雨侵蚀力等值线图，可直接查到各地区年平均降雨侵蚀力的资料。

2. 土壤可蚀性因子

土壤可蚀性是评价土壤被降雨侵蚀力分离、冲蚀和搬运难易程度的指标。土壤可蚀性 K 值的估算方法如下[148]：

$$K = \left\{ 0.2 + 0.3 \exp \left[-0.0256 Q_{\text{san}} \left(1 - \frac{Q_{\text{sil}}}{100} \right) \right] \right\} \left(\frac{Q_{\text{sil}}}{Q_{\text{cla}} + Q_{\text{sil}}} \right) \left[1 - \frac{0.25C}{C + \exp(3.72 - 2.9C)} \right]$$

$$\times \left[1 - \frac{0.7 Q_{\text{sn}}}{Q_{\text{sn}} + \exp(-5.51 + 22.9 Q_{\text{sn}})} \right]$$

　　(8.4)

式中，Q_{san} 为砂砾质量分数，%；Q_{sil} 为粉粒质量分数，%；Q_{cla} 为黏粒质量分数，%；$Q_{\text{sn}} = 1 - Q_{\text{san}} / 100$；$C$ 为有机质碳含量；K 的单位为 $\mathrm{t \cdot hm^2 \cdot h/(hm^2 \cdot MJ \cdot mm)}$。

3. 坡长坡度因子

通用土壤流失方程是用坡长 L 和坡度 S 作为地形因子，通常将两者作为一个独立的坡长坡度(slope length and slope steepness, LS)因子来估算。坡长因子计算方法为[148]

$$L = (\lambda / 22.1)^{\alpha}$$ 　　(8.5)

$$\alpha = \beta / (\beta + 1)$$ 　　(8.6)

$$\beta = \frac{\sin\theta / 0.08960}{3.0 \sin^{0.8}\theta + 0.56}$$ 　　(8.7)

式中，L 为坡长因子；λ 为由 DEM 直接提取到的坡长，m，22.1m 为标准小区坡长；α 为坡长指数；θ 为 DEM 提取到的坡度，(°)；β 为坡度修正值。

坡度因子计算方法为[148]

$$S = -1.5 + \frac{17}{1 + \mathrm{e}^{(2.3 - 6.1 \sin\theta)}}$$ 　　(8.8)

4. 植被覆盖与管理因子

由于植被覆盖与管理因子的计算过于复杂，国内外的研究基本按照 USLE 的思路，根据实测资料拟合简单快速的计算方法。综合起来，计算植被覆盖与管理因子(C)值的方法可分为三种。

(1) 利用植被覆盖度和植被生育期。

(2) 利用植被覆盖度、植被冠层类型与 C 的函数关系。

(3) 利用植被覆盖度与 C 的函数关系。

由于遥感技术的快速发展，利用遥感图像就可以快速提取植被覆盖度。本章采用植被覆盖度与 C 的函数关系来估算研究区的植被覆盖与管理因子，即[148]

$$VFC = \frac{NDVI - NDVI_{min}}{NDVI_{max} - NDVI_{min}}$$

利用 C 与 VFC 之间的回归方程计算 C 值，即

$$C = 0.6508 - 0.3436 \lg VFC \tag{8.9}$$

5. 水土保持措施因子

本节根据有关学者的研究成果[150-152]并结合干扰区的实际情况对水土保持措施因子 P 进行赋值，确定不同土地利用类型的 P 值，见表 8.4。

表 8.4　干扰区不同土地利用类型的 P 值

土地利用类型	水田	林地	草地	水域	旱地	园地
P 值	0.20	1.00	1.00	0.00	0.40	0.69

8.2.2　水土流失强度预测结果

根据上述预测所得的水土流失强度影响因子，运用通用土壤流失方程，计算出修复措施实施后未来各年的水土流失强度，见表 8.5。

表 8.5　典型标段水土流失强度预测结果　　　　　　(单位：t/(km² · a))

时间	第 1 标段	第 7 标段	第 13 标段	第 17 标段	第 20 标段	第 22 标段
干扰前	1072.64	847.11	857.22	816.87	725.27	962.07
修复 1 年	1265.54	1001.17	940.77	910.42	755.14	1071.61
修复 2 年	1195.49	929.42	839.06	877.30	698.83	991.36
修复 3 年	1157.14	882.12	775.84	854.54	667.39	946.67
修复 4 年	1124.92	872.31	775.71	847.74	667.06	942.02

续表

时间	第 1 标段	第 7 标段	第 13 标段	第 17 标段	第 20 标段	第 22 标段
修复 5 年	1086.73	863.81	775.59	841.66	666.64	937.49
修复 6 年	1053.73	856.25	775.47	836.27	666.24	933.09
修复 7 年	1021.88	845.64	775.30	829.01	665.75	928.79
修复 8 年	1002.10	835.73	775.13	822.55	665.39	924.60
修复 9 年	988.56	825.73	774.94	816.39	665.13	920.51
修复 10 年	975.79	814.97	774.73	810.01	664.91	916.52

8.3　有效土层厚度预测

采用模糊 C 均值聚类[153-159](fuzzy C-means，FCM)算法计算有效土层厚度的变化值，根据影响地表物质循环的主要因素，将影响该地区有效土层厚度的地形因子详细划分为以下因子：坡度、平面曲率、剖面曲率等。其中，坡度影响地表物质与能量分配速率，平面曲率反映物质和能量的相对集中或分散，剖面曲率反映物质和能量流动的相对加速或减速，地形湿度指数反映土壤中的水分状况[160-167]。

8.3.1　有效土层厚度影响因子计算

1. 坡度

坡度通常用来描述地表的倾斜程度，定义为地表任意一点切平面与水平面之间的夹角，是高程的一阶导数。坡度是最重要的地形指标之一，其通过影响地表物质与能量分配的速率进而影响植被、土壤的分类与分布。

目前，坡度的算法已经成熟，这里采用 Horn 提出的三阶反距离平方权差分算法：

$$q = \left[z_7 - z_1 + 2(z_8 - z_2) + z_9 - z_3 \right] / 8R_y \tag{8.10}$$

$$p = \left[z_3 - z_1 + 2(z_6 - z_4) + z_9 - z_7 \right] / 8R_x \tag{8.11}$$

$$\text{Slope\_Degree} = \text{ATAN}\left(180\sqrt{p^2 + q^2} / \pi \right) \tag{8.12}$$

$$\text{Slope\_Percent} = \text{ATAN}\left(\sqrt{p^2 + q^2} \right) \times 100 \tag{8.13}$$

式中，p 为 x 方向上高程的变化率；q 为 y 方向上高程的变化率；z_1、z_2、z_3、z_4、z_5、z_6、z_7、z_8、z_9 为 3×3 窗口内各个栅格的高程值，如图 8.4 所示。R_x、

z_1	z_2	z_3
z_4	z_5	z_6
z_7	z_8	z_9

图 8.4　各个栅格高程值

R_y分别为 x、y 方向栅格尺寸的大小；Slope_Degree 是以度为单位的坡度，坡度的范围一般为 $[0°, 90°]$；Slope_Percent 为百分比坡度，其值大小表征为水平距离每100m、垂直方向上升或下降的高度，m；这一算法已经在 ArcGIS 软件中，本节采用 Arc Info Workstation 的 Grid 模块中的 Slope 函数来实现坡度提取。

2. 曲率

曲率是一个重要的地形指标，是大于地表上一点扭曲变化程度的定量度量，它反映局部地表各个方向上地形的凹凸变化，也影响地表物质含量的分布，通常认为曲率是坡度的变化率，即坡度的一阶导数、高程的二阶导数。作为地表曲面上的一个点位函数，曲率在水文、土壤等领域有重要应用。长期以来，基于实际需要，国内外学者提出了多种曲率，如平均曲率、非球面曲率、平面曲率、剖面曲率等。由于研究重点和应用领域不同，各种曲率的使用也不同。本节主要研究平面曲率和剖面曲率对流域有效土层厚度的影响。

1) 平面曲率

平面曲率表示等高线的凹凸变化，地理上表示流水线的发散和聚集。值得注意的是，ArcGIS 中平面曲率分别是地表水平方向上的二阶导数，和曲率一般不相等。平面曲率定义为通过地表上某一点的等高面水平面与地表的交线等高线在该点的曲率，等高线是曲线弯曲程度的指标，表达了地表物质运动的汇合及发散程度。本节采用二次曲面法计算，公式为

$$\text{PLAN\_C} = -\frac{q^2 r - 2pqs + p^2 t}{(p^2 + q^2)^{\frac{3}{2}}} \tag{8.14}$$

$$r = \frac{\partial^2 z}{\partial x^2} = \frac{z_1 + z_3 + z_4 + z_6 + z_7 + z_9 - 2(z_2 + z_5 + z_8)}{3\Delta s^2} \tag{8.15}$$

$$s = \frac{\partial^2 z}{\partial x \partial y} = \frac{z_3 + z_7 - z_9 - z_1}{4\Delta s^2} \tag{8.16}$$

$$t = \frac{\partial^2 z}{\partial y^2} = \frac{z_1 + z_3 + z_2 + z_8 + z_7 + z_9 - 2(z_4 + z_5 + z_6)}{3\Delta s^2} \tag{8.17}$$

式中，p 为 x 方向上高程的变化率；q 为 y 方向上高程的变化率；r 为 p 在 x 方向

上的变化率；s 为 p 在 y 方向上的变化率；t 为 q 在 y 方向上的变化率。

2) 剖面曲率

剖面曲率表示坡度线的凸凹变化，地理上表示地表径流加速和减速。ArcGIS 中剖面曲率是地表垂直方向上的二阶导数，表示地面坡度沿最大坡降方向高程的变化率，公式为

$$PROF\_C = -\frac{p^2r - 2pqrs + q^2t}{\left(p^2 + q^2\right)\sqrt{\left(1 + p^2 + q^2\right)^3}} \tag{8.18}$$

通过 ArcGIS 空间分析中 Surface 工具的 Curvature 函数分别计算求得平面曲率和剖面曲率。

3. 地形湿度指数

地形湿度指数是指单位等高线长度上的汇流面积与局地坡度比值的自然对数，可表示为

$$w = \ln\frac{a}{\tan\beta} \tag{8.19}$$

式中，w 为地形湿度指数；a 为单位等高线长度或单元栅格的汇流面积，m²/m；β 为局部坡度，(°)。该指数以数字高程模型(digital elevation model，DEM)为基础，单位汇水面积 a 为汇流累积量除以栅格尺寸的平方，公式中坡度不能为零，因此当坡度为 0°时，可以通过给其增加一个微小的增量来解决，使其坡度为 0.0001。然后在空间分析的栅格计算器中计算地形湿度指数，称为静态湿度指数。

8.3.2　有效土层厚度预测结果

FCM 算法是用隶属度确定每个数据点属于某个聚类的程度的一种聚类算法，其基本原理是利用统计方法计算多属性空间中的距离使得每个数据点距离自己所属类别中心点最近，并且以此给每个数据点分配隶属度。土壤属性值通过典型属性值和各点与各聚类中心的隶属度的加权平均得到，当地土壤的性状与给定的土壤类型性状相似时，可假设

$$V_i = \sum_{k=1}^{c} u_{ik}V^k \bigg/ \sum_{k=1}^{c} u_{ik} \tag{8.20}$$

式中，V_i 为点 i 的土壤属性值；V^k 为各聚类中心 k 的土壤属性值；u_{ik} 为点 i 在类型 k 上的隶属度；c 为这一地区给定的土壤类型总数，即聚类类别数。

FCM 算法有两个关键参数，一个是聚类类别数 c，一个是参数 m，m 是一个

控制算法柔性的参数，一般认为 m 的最佳选取区间为[1.5, 2.5]，一般情况下可取 2。为了确定最佳聚类类别数 c，很多学者也进行了研究，其中 Xie 和 Beni 设计了分类距离 S 来选择最佳聚类类别数，S 越小，意味着类内紧密、类间分离的程度越高。在不同分类下 S 值最小时对应的分类数为最佳聚类类别数。因此选取模糊度指数 $m=2$，利用分类距离进行统计，得到分类距离随着聚类类别数的变化曲线，最终确定 $c=8$。

将聚类因子的数值代入 FCM 模型中，模拟未来不同地形、气候情况下有效土层厚度的修复情况。具体步骤为：将典型标段的坡度、平面曲率、剖面曲率和地形湿度指数代入训练好的 FCM 模型中，根据模型运算结果得出各标段的有效土层厚度所属的聚类类型以及对应的有效土层厚度值，见表 8.6。

表 8.6　典型标段有效土层厚度预测值　　　　　　　　（单位：cm）

时间	第 1 标段	第 7 标段	第 13 标段	第 17 标段	第 20 标段	第 22 标段
干扰前	60.00	55.00	50.00	45.00	55.00	45.00
修复 1 年	28.33	30.00	31.67	30.00	30.00	40.00
修复 2 年	28.79	30.11	32.38	30.30	30.73	40.51
修复 3 年	29.16	30.47	32.44	30.99	30.91	41.33
修复 4 年	29.18	30.91	33.00	31.28	31.26	41.41
修复 5 年	29.96	31.46	33.38	31.68	31.81	42.29
修复 6 年	30.76	31.83	34.14	32.21	32.07	42.37
修复 7 年	31.08	31.95	34.35	32.95	32.87	43.19
修复 8 年	31.60	32.41	35.02	33.08	33.45	43.68
修复 9 年	31.82	32.69	35.05	33.34	34.09	44.47
修复 10 年	32.30	33.49	35.16	33.58	34.37	44.51

8.4　生态健康综合指数预测

基于模糊物元分析原理，以黑龙江干流堤防建设干扰区的生态健康评价指标体系构造复合模糊物元，采用层次分析法计算各权重向量，根据预测的指标值结果，综合预测与分析干扰区受干扰后十年内的生态修复效果。考虑到水质达标率、空气达标率的变化很小，在预测时认为典型标段的水质达标率和空气达标率保持不变。基于模糊物元法，结合各评价指标的预测值，计算各典型标段生态健康综合指数预测值，见表 8.7。

表 8.7 典型标段生态健康综合指数预测值

时间	第 1 标段	第 7 标段	第 13 标段	第 17 标段	第 20 标段	第 22 标段
干扰前	0.8609	0.7423	0.7824	0.7461	0.6483	0.5520
修复 1 年	0.5006	0.5099	0.5165	0.5130	0.5184	0.5146
修复 2 年	0.5926	0.5589	0.5846	0.5535	0.5324	0.5148
修复 3 年	0.6850	0.5812	0.7342	0.5617	0.5924	0.5363
修复 4 年	0.7428	0.5887	0.8129	0.5884	0.6682	0.5500
修复 5 年	0.8412	0.6129	0.9012	0.6222	0.7196	0.5727
修复 6 年	0.8468	0.6627	0.9788	0.6306	0.7658	0.5833
修复 7 年	0.9013	0.7312	0.9797	0.6555	0.8032	0.6128
修复 8 年	0.9293	0.7917	0.9852	0.7036	0.8767	0.6428
修复 9 年	0.9599	0.8112	0.9882	0.7545	0.9022	0.6447
修复 10 年	0.9854	0.8374	0.9893	0.7745	0.9389	0.6472

  各典型标段生态健康综合指数变化情况如图 8.5 所示。通过各典型标段生态健康综合指数的变化，可以得出典型标段受到堤防施工干扰后，通过采取拟定的生态修复方案，十年内不仅能恢复到干扰前的生态健康状况，且恢复后的生态健康情况较干扰前更好。在修复的第 1 年，受黑龙江干流堤防建设的影响，各典型

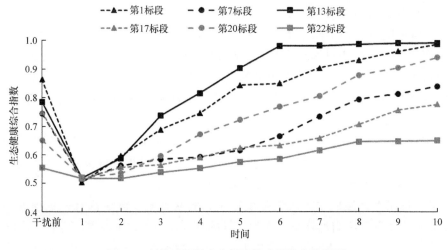

图 8.5 各典型标段生态健康综合指数变化情况

标段的植被覆盖度、水土流失强度和有效土层厚度处在一个较低的水平，整体生态健康情况最差，随着修复时间的推移，生态健康状况逐渐改善，直至修复到干扰前的水平。各标段由于自身特点及生态修复方案的差异，修复的速度有较为明显的差异，第 22 标段受到的干扰强度较小，修复时生态健康的变化趋势也较为平缓；第 1 标段与第 13 标段在修复时生态健康的变化趋势相对较为明显。分析指标的变化，第 22 标段的植被覆盖度、水土流失强度以及有效土层厚度 3 个指标，干扰前和修复 1 年后的变化幅度不大，受工程影响较小，因此生态健康的变化趋势也较为平缓；同理，第 1 标段和第 13 标段的植被覆盖度、水土流失强度、有效土层厚度等指标受干扰后，变化幅度较大，同时在采取生态修复措施后，第 1 标段和第 13 标段的植被覆盖度等指标修复情况良好，修复速度较快，因此生态健康的变化趋势较为明显。

根据生态健康综合指数的变化可知，第 17 标段恢复到干扰前的生态健康水平需要 9 年，根据评价指标的预测值，主要原因是按照拟定的生态修复方案进行恢复时，植被覆盖度和水土流失强度恢复时间长于其他典型标段；而第 13 标段和第 20 标段恢复到干扰前的生态健康水平仅需要 4 年，根据评价指标的预测值，主要是因为按照拟定的生态修复方案进行修复时，植被覆盖度和水土流失强度恢复时间较短。

8.5　本章小结

利用遥感技术、WOFOST 模型、模糊 C 均值聚类法以及模糊综合评判方法，针对不同自然条件建立生态修复效果预测模型，得到若干年后各生态健康指标值并计算出生态健康综合指数，模拟干扰区的生态修复状况与所需时间，从而对黑龙江干流堤防建设干扰区的生态修复效果进行定量预测。结果表明，采取生态修复措施后，所有典型标段的生态状况在一定时间内都能得到恢复。主要结论如下。

(1) 修复成草地的地区最快在生态修复措施实施 3 年后能够恢复到干扰前状态，最晚在 5 年后能够恢复到原有状态；修复成林地的地区最快在 9 年后能够恢复到原有状态，最慢在 14 年后能够恢复到原有状态。

(2) 各典型标段的水土流失强度在生态修复方案实施后都有一定程度的下降，表明水土状况在自然恢复与人为修复的共同作用下逐渐改善。其中，第 13 标段和第 20 标段水土流失强度修复最快，在 2 年后基本能恢复至干扰前状态；而第 17 标段修复最慢，需要 9 年水土流失强度才能接近干扰前状态。各典型标段的有效土层厚度在生态修复方案实行后也呈现出缓慢增加的趋势，其中第 22 标段修复得最快，但也至少需要 10 年的修复时间。

(3) 结合各评价指标预测值，计算出各典型标段未来若干年后的生态健康综合指数。分析表明，第 13 标段和第 20 标段修复速度较快，约 4 年就能基本恢复至干扰前生态状况；而第 17 标段因布置 5 处取土场，土地损毁最为严重，修复速度最慢，约需 9 年时间。所有典型标段均能在 10 年后基本恢复至干扰前的生态健康状况。

第9章　总结与展望

9.1　总　　结

本书首先根据黑龙江干流堤防建设工程的施工布置,确定了堤防建设干扰区的范围及其分布,并分析了堤防建设施工过程中不同干扰单元、干扰方式以及对应的干扰过程与干扰后果。其次,以典型标段为研究对象,从土地、生态、景观三个层次构建了生态系统受损评价模型,运用模糊物元可拓方法实现了对堤防建设干扰区受损程度系统全面的评价;考虑不同土地复垦要求,运用支持向量机方法对构建的干扰区土地复垦适宜性评价模型进行了分析,并结合评价结果与干扰前土地利用类型确定了适宜的土地复垦方向。再次,从土地、生态、景观三个层次归纳总结了干扰区生态修复技术体系,并提出植被立地条件修复模式、植物群落修复模式、生态经济模式、景观生态模式四种生态修复模式,在种植实验及数值模型模拟优选出的草种与树种的基础上,综合考虑干扰区生态受损程度和适宜的土地复垦方向,制定了典型标段各工程单元的生态修复方案。最后,基于草种、树种生长模型、通用土壤流失方程、模糊 C 均值聚类方法预测评价指标,运用干扰区生态健康评价模型对修复效果进行了定量预测。研究结果为黑龙江干流堤防建设干扰区的生态修复提供了科学依据,对落实生态文明建设、社会经济可持续发展具有重要意义。

主要结论有:

(1) 黑龙江干流堤防建设干扰区是指堤防工程建设过程中因取土、弃渣等活动被破坏或占用而无法正常使用的土地。通过征地文件、施工现场场地布置图、实地走访调查、遥感影像识别等方法得到干扰区总面积为 23638.87 亩,按功能性可划分为:料场用地面积 15589.38 亩,弃渣场用地面积 1273.86 亩,施工临建用地面积 4609.33 亩,盖重、压渗用地面积 2166.3 亩。

(2) 通过外业调查与遥感处理等方法,本书具体分析了堤防建设的 5 种不同干扰单元(主体工程、临时道路、取土场、弃渣场、施工生产生活区)通过 4 种干扰方式(挖损、压占、机械施工、固体废弃物)造成 3 个层次干扰后果(环境破坏、生态受损以及景观破碎)的 10 种干扰机理(土壤侵蚀、农田破坏、植被破坏、水土流失、地质灾害、水质污染、空气质量下降、河道形态改变、水文情势变化、移民)。

(3) 鉴于黑龙江干流堤防建设干扰区分布范围较广,且部分干扰区在气候与地貌条件、施工布置、作业手段等方面具有一定相似性,遵循代表性、多样性及特殊性的原则,综合考虑气候条件(三个气候带),地貌因素(上游、中游、下游),干扰区位置(城区、非城区),干扰区内取土场位置(堤内、堤外)及堤防条件(有溃口、无溃口)选取 6 个标段作为典型标段,即第 1 标段(漠河市)、第 7 标段(黑河市)、第 13 标段(逊克县)、第 17 标段(嘉荫县和萝北县)、第 20 标段(同江市)、第 22 标段(抚远市)。

(4) 堤防建设过程中不同干扰单元的功能以及受到破坏的方式有所差异,因此分别构建了主体工程、临时道路、取土场、弃渣场及施工生产生活区的土地损毁评价模型,并采用指数和法确定了典型标段不同干扰单元的土地损毁程度。在 5 类干扰单元中,取土场的土地损毁状况最严重,所有典型标段的取土场均达到重度损毁,其次是主体工程,多数典型标段达到重度损毁,而弃渣场、施工生产生活区、临时道路的损毁程度为中度。综合对比不同典型标段的土地损毁程度,第 17 标段由于取土场数目多且挖深大,土地破坏情况十分严重,需要特别关注。

(5) 本书选用有效土层厚度、植被覆盖度、水土流失强度、水质达标率和空气质量达标天数 5 个指标,构建了干扰区生态健康评价指标体系,利用模糊物元可拓方法计算出干扰区堤防建设前后的生态健康综合指数,并对比得出各典型标段的生态受损程度。受堤防建设的影响,2014~2015 年各典型标段受损程度均在 10%以上,其中,第 17 标段和第 20 标段生态受损程度最严重,达 30%左右,而第 22 标段受损程度最轻,为 11.30%。堤防建设完成后,2015~2016 年各典型标段的生态健康状况虽有一定程度的改善,但均未达到堤防修建前的水平。

(6) 从区域宏观尺度出发,利用景观生态学的理论,首先基于 3S 技术提取了堤防建设前后区域各景观类型面积特征、动态度变化以及转换情况,并分析了干扰区生态系统的景观格局动态变化。其次,选择蔓延度指数、香农多样性指数、香农均匀度指数以及散布与并列指数作为指标,运用景观分析软件 Fragstats 提取了典型标段的数值,分析了不同指标的变化情况。最后,基于投影寻踪模型进行了景观格局综合评价,定量识别了堤防建设对景观格局的影响。结果表明,堤防建设前后,干扰区景观类型面积的变化主要为耕地、林地、草地面积减少,建设用地、裸地面积增加,而干扰区景观类型面积的转换主要体现在耕地、林地转变为建设用地和裸地。堤防建设对干扰区景观格局带来的影响主要是负向效应,具体表现为堤防建设后景观综合指数不同程度的下降。其中,第 7 标段的景观格局状况受堤防建设的影响由良降为中,需要加以关注。

(7) 基于土地损毁评价结果,并考虑不同土地利用方式(耕地、林地、草地)对土地条件的要求(有效土层厚度、土壤质地、有机质含量、土壤容重及水土流失强度)不同,分别建立了宜耕类、宜林类和宜草类土地复垦适宜性评价模型,运用支持向量机方法得到了典型标段不同干扰单元适宜的土地复垦方向,结合干扰前土地利用类型，确定最终的土地复垦方向。主体工程原有土地占用类型较为复杂(耕地、林地、草地)，而适宜复垦方向为林地，因此原本为耕地和林地的干扰区均复垦为林地，原本为草地的干扰区复垦为草地；根据取土场适宜复垦方向，最终修复为草地；不同典型标段的弃渣场、临时道路和施工生产生活区根据适宜复垦方向和施工前利用方式的不同，分别修复为林地或草地。

(8) 在明确干扰区生态恢复目标的基础上，综合考虑干扰区生态受损程度以及当地实际情况，从土地、生态、景观三个层次构建干扰区生态恢复技术体系，并制定了四种不同的生态修复模式，包括植被立地条件修复模式、植物群落修复模式、生态经济模式、景观生态模式。生态修复技术体系中的土地层次主要包括地貌重塑和土壤重构；生态层次包括水土流失控制与保持技术、土壤改良技术、植被修复技术、固体废弃物处理技术、污水处理与再利用技术、空气污染防治疗技术及封山育林技术；景观层次则包括地形的重塑、水体的重塑及植被的重塑。植被立地条件修复模式适用于植物立地条件破坏严重，植物不能正常生长的干扰区；植物群落修复模式适用于植被立地条件破坏较轻或已恢复立地条件的干扰区，根据复垦方向的不同又可具体划分为耕地群落修复、林地群落修复及草地群落修复；生态经济模式在生态修复的同时考虑经济发展，通过构建农-渔-牧生态经济模式、草-畜-沼气生态经济模式及乔-灌-草-沼气生态经济模式，实现社会、经济和生态的全方面发展；景观生态模式的目标是实现生态恢复与自然景观的有机结合，主要是指从功能性出发，通过生境设计与营造，将干扰区堤防景观设计为主题公园等。

(9) 草类植物是恢复植被、改善生态环境条件的先锋物种，而正确的草种选择是生态修复的关键。本书首先遵循生态效益最大化、生境可容性和经济实用性原则，从乡土物种中挑选出十种草本植物作为研究对象，参考草坪质量评价并运用层次分析法选出不同气候带最适宜的三种草本植物。其次，对所选草本植物进行种植试验，观察不同草种、不同条件及不同播种方式下的生态修复效果和修复速度，同时确定草种数值模拟的相关参数，并验证草种选择结果的合理性。最后，采用 WOFOST 模型，对草种在不同气候带上的生长情况进行数值模拟，得到各气候带不同草种的生长情况。本书优选出的草种包括早熟禾、黑麦草、高羊茅、白车轴草及紫花苜蓿。数值模拟结果显示，选择的草种均能较快实现干扰区植被的覆盖，但禾本科植物与豆科类植物的生长特点不同，前者能实现草地的迅速覆盖，而后者虽然生长周期较长，但叶面积指数在达到最大值后，能在较长时间稳定不变。此外，种植试验和数值模拟均表明，草种混播可实现草种不同生长周期、不同覆盖程度的有机结合，是适用于黑龙江干流堤防建设干扰区生态修复的播种方式。

(10) 根据干扰区的实际情况、树木的生态特征及专家意见的调查分析，选择土壤适应性、耐寒性、抗病虫害、繁殖特性、生长速度、观赏价值、经济价值共7个指标，构建了黑龙江干流堤防建设干扰区树种选择评价指标体系，运用基于G1的模糊综合评判法得到不同气候带最适宜的树种。评价结果显示不同气候带适宜的乔木和灌木组合不同：第一气候带为白桦和胡枝子；第二气候带为银白杨和胡枝子；第三气候带为白榆和东北连翘。此外，采用乔木单木生长模型获得乔木生长趋势。

(11) 基于堤防建设对生态系统的干扰分析，土地损毁、生态健康受损及景观格局受损评价，土地复垦方向适宜性评价，归纳总结了三个层次(土地、生态、景观)的生态修复技术体系、构建了四种生态修复模式、针对不同气候及土壤条件优选出生态修复植物种类，综合制定了典型标段不同干扰单元的生态修复方案。

(12) 在干扰区生态修复方案设计的基础上，综合运用作物生长模型、乔木单木生长模型、通用土壤流失方程及模糊 C 均值聚类方法等预测出黑龙江干流堤防建设干扰区若干年后的生态健康指标值，并代入模糊物元模型计算出生态健康综合指数，从而对生态修复效果进行定量预测。从模拟结果可以看出，采取生态修复措施后，所有典型标段的生态状况在一定时间内都能得到修复，其中修复成草地的地区最快在3年后能恢复到原有状态，最晚在5年后能恢复到原有状态；修复成林地的地区最快在9年后能恢复到原有状态，最晚在14年后能恢复到原有状态。

9.2 展 望

河流堤防建设干扰区生态修复涉及的内容广泛，学科交叉融合性强，相关理论和方法都还处于探索阶段。本书虽然在堤防工程的干扰机理、生态干扰程度评估、干扰区土地复垦方向、生态修复方案以及修复效果预测等方面做了一些研究，但还有许多工作需要进一步深入：

(1) 实时动态监测生态修复效果。生态修复是一个漫长的动态过程，其影响下的景观格局和生态系统健康变化极其复杂。长序列的生态系统健康评价更能客观反映生态系统的演化趋势，需要实时动态监测修复方案实施后的实际效果以验证方案的适用性与预测的合理性，进而完善已有的修复方案。

(2) 非典型区研究。黑龙江干流堤防建设工程施工规模大、涉及范围广，因此其干扰区生态修复中仅选取了第1标段(漠河市)、第7标段(黑河市)、第13标段(逊克县)、第17标段(嘉荫县、萝北县)、第20标段(同江市)、第22标段(抚远市)6个典型标段展开研究，今后还需进一步深化非典型区的生态修复研究。

参 考 文 献

[1] 牟金玲, 狄娟. 黑龙江干流中上游段水文特性[J]. 黑龙江水利科技, 2007, 35(2): 101-102.

[2] 卢玢宇, 裴占江, 史风梅, 等. 黑龙江省近 30 年气候变化特征分析[J]. 黑龙江农业科学, 2019, (5): 19-26.

[3] 张晓玲, 李华, 孙月洋. 黑龙江省植被资源现状及保护对策[J]. 防护林科技, 2012, (2): 85-86, 89.

[4] 王晨轶, 李秀芬, 纪仰慧. 黑龙江省植被长势遥感监测解析[J]. 中国农业气象, 2009, 30(4): 582-584, 590.

[5] 杨来淑. 土地整理前后土壤质量的变化研究[D]. 重庆: 西南大学, 2014.

[6] 王启春, 向宝林. 重庆矿区土地复垦方案编制若干问题及编制要求探讨[J]. 矿山测量, 2016, 44(3): 73-76.

[7] 靳海霞. 黄土丘陵区采煤沉陷损毁耕地复垦费用研究及实证[D]. 北京: 中国地质大学, 2013.

[8] 崔艳. 鄂尔多斯采煤损毁土地预测与复垦模式分析[J]. 环境保护科学, 2012, 38(4): 41-43, 72.

[9] 赵亮. 乌尼特矿区土地复垦规划与生态恢复方案研究[D]. 阜新: 辽宁工程技术大学, 2012.

[10] 兰井志, 申文金, 张燕妮, 等. 土地标准体系亟待完善[N]. 中国国土资源报, 2012-06-09(7).

[11] 王世东, 刘毅. 基于改进模糊综合评价模型的矿区土地损毁程度评价[J]. 中国生态农业学报, 2015, 23(9): 1191-1198.

[12] 刘亚, 邹自力, 张晓平. 基于极限条件法与指数和法的耕地后备资源评价研究——以江西省安义县为例[J]. 湖北民族学院学报(自然科学版), 2016, 34(1): 99-103.

[13] 梅钊, 胡刚, 陆水松, 等. 多因子指数和法在村庄布点规划的应用浅析——以临泉县村庄布点规划为例[J]. 小城镇建设, 2015, (7): 71-75.

[14] 陈源源. 典型采煤塌陷地整治潜力及模式研究[D]. 济南: 山东师范大学, 2015.

[15] 常蓉. 基于 GIS 与指数和法的矿区土地复垦适宜性评价[J]. 浙江农业科学, 2015, 56(10): 1637-1642.

[16] 吴静. 基于判别系统的矿区废弃地复垦为农用地潜力评价研究[D]. 北京: 中国地质大学, 2015.

[17] 和春兰, 杨木生, 沈映政. 城市地区耕地质量评价研究——以云南省昆明市五华区为例[J]. 云南地理环境研究, 2014, 26(6): 48-55.

[18] 田小松, 周春蓉, 郑杰炳, 等. 基于指数和法的气矿临时用地复垦适宜性评价研究[J]. 环境工程, 2014, 32(S1): 856-859.

[19] 钱铭杰, 吴静, 袁春, 等. 矿区废弃地复垦为农用地潜力评价方法的比较[J]. 农业工程学报, 2014, 30(6): 195-204.

[20] 梁叶萍, 毕如田. 基于指数和法和极限条件法的矿区土地适宜性评价——以孟家窑煤矿为例[J]. 山西农业大学学报(自然科学版), 2014, 34(5): 436-441.

[21] 裴亮, 杨铭. 基于指数和法与极限条件法的土地复垦适宜性评价研究[J]. 安徽农业科学,

2012, 40(4): 2142-2143, 2215.

[22] 徐晗. 基于因素法与指数和法的农用地分等对比实证研究[J]. 中国农业科技导报, 2011,13(2): 72-75.

[23] 易凤佳, 黄端, 刘建红, 等. 汉江流域湿地变化及其生态健康评价[J]. 地球信息科学学报, 2017, 19(1): 70-79.

[24] 孙才志, 陈富强. 鸭绿江口滨海湿地景观生态健康评价[J]. 湿地科学, 2017, 15(1): 40-46.

[25] 徐菲, 王永刚, 张楠, 等. 北京市白河和潮河流域生态健康评价[J]. 生态学报, 2017, 37(3): 932-942.

[26] 沈玉冰. 辽河流域水生态健康评价[D]. 沈阳: 辽宁大学, 2016.

[27] 殷守敬, 吴传庆, 王晨, 等. 淮河干流岸边带生态健康遥感评估[J]. 中国环境科学, 2016, 36(1): 299-306.

[28] 陈豪. 闸控河流水生态健康关键影响因子识别与和谐调控研究[D]. 郑州: 郑州大学, 2016.

[29] 徐后涛. 上海市中小河道生态健康评价体系构建及治理效果研究[D]. 上海: 上海海洋大学, 2016.

[30] 游家兴. 如何正确运用因子分析法进行综合评价[J]. 统计教育, 2003, (5): 10-11.

[31] 吴文广, 张继红, 魏龑伟, 等. 莱州湾泥螺生态安全风险评估——基于 AHP 的 YAAHP 软件实现[J]. 水产学报, 2014, 38(9): 1601-1610.

[32] 刘姝驿, 杨庆媛, 何春燕, 等. 基于层次分析法(AHP)和模糊综合评价法的土地整治效益评价——重庆市 3 个区县 26 个村农村土地整治的实证[J]. 中国农学通报, 2013, 29(26): 54-60.

[33] 曾现进, 李天宏, 温晓玲. 基于 AHP 和向量模法的宜昌市水环境承载力研究[J]. 环境科学与技术, 2013, 36(6): 200-205.

[34] 赵建军, 张洪岩, 王野乔, 等. 基于 AHP 和 GIS 的省级耕地质量评价研究——以吉林省为例[J]. 土壤通报, 2012, 43(1): 70-75.

[35] 徐新洲, 薛建辉. 基于 AHP-模糊综合评价的城市湿地公园植物景观美感评价[J]. 西北林学院学报, 2012, 27(2): 213-216.

[36] 叶珍. 基于 AHP 的模糊综合评价方法研究及应用[D]. 广州: 华南理工大学, 2010.

[37] 郑军, 史建民. 基于 AHP 法的生态农业竞争力评价指标体系构建[J]. 中国生态农业学报, 2010, 18(5): 1087-1092.

[38] 黄建文, 李建林, 周宜红. 基于 AHP 的模糊评判法在边坡稳定性评价中的应用[J]. 岩石力学与工程学报, 2007, 26(S1): 2627-2632.

[39] 田静宜, 王新军. 基于熵权模糊物元模型的干旱区水资源承载力研究——以甘肃民勤县为例[J]. 复旦学报(自然科学版), 2013, 52(1): 86-93.

[40] 郭月婷, 徐建刚. 基于模糊物元的淮河流域城市化与生态环境系统的耦合协调测度[J]. 应用生态学报, 2013, 24(5): 1244-1252.

[41] 阳大兵, 王正中, 马希明. 基于模糊物元模型的工程项目生态影响后评价[J]. 水利与建筑工程学报, 2012, 10(2): 93-96.

[42] 李绍飞. 改进的模糊物元模型在灌区农业用水效率评价中的应用[J]. 干旱区资源与环境, 2011, 25(11): 175-181.

[43] 徐卫红, 于福亮, 龙爱华. 基于熵权的模糊物元模型在水资源可持续利用评价中的应用[J]. 中国人口·资源与环境, 2010, 20(S2): 157-160.

[44] 谢炳庚, 刘智平. 模糊—物元综合评价法在环境空气质量评价中的应用研究[J]. 经济地理, 2010, 30(1): 27-30.

[45] 姚玉鑫, 张英, 鲁斌礼, 等. 模糊物元模型在评价区域水环境承载力中的应用[J]. 南京师范大学学报(工程技术版), 2007, 7(2): 82-86.

[46] 刘娜, 艾南山, 方艳, 等. 基于熵权的模糊物元模型在城市生态系统健康评价中的应用[J]. 成都理工大学学报(自然科学版), 2007, 34(5): 589-595.

[47] 李如忠. 基于模糊物元分析原理的区域生态环境评价[J]. 合肥工业大学学报(自然科学版), 2006, 29(5): 597-601.

[48] 康艳, 蔡焕杰, 宋松柏. 用模糊物元模型综合评价陕西省水资源可持续利用程度[J]. 水资源与水工程学报, 2005, 16(3): 25-28.

[49] 张玉君. Landsat8 简介[J]. 国土资源遥感, 2013, 25(1): 176-177.

[50] 初庆伟, 张洪群, 吴业炜, 等. Landsat-8 卫星数据应用探讨[J]. 遥感信息, 2013, 28(4): 110-114.

[51] Jhabvala M, Reuter D, Choi K, et al. QWIP-based thermal infrared sensor for the Landsat Data Continuity Mission[J]. Infrared Physics & Technology, 2009, 52(6): 424-429.

[52] 云影. 美国地球观测卫星 Landsat-8[J]. 卫星应用, 2013, (2): 76.

[53] 廖克, 成夕芳, 吴健生, 等. 高分辨率卫星遥感影像在土地利用变化动态监测中的应用[J]. 测绘科学, 2006, 31(6): 11-15, 3.

[54] 邓书斌, 陈秋锦, 杜会建. ENVI 遥感图像处理方法[M]. 北京: 高等教育出版社, 2014.

[55] 闫琰, 董秀兰, 李燕. 基于 ENVI 的遥感图像监督分类方法比较研究[J]. 北京测绘, 2011, (3): 14-16.

[56] 李恒利. 土地利用调查与动态监测的遥感方法研究[D]. 太原: 太原理工大学, 2007.

[57] 张家琦. 遥感影像变化检测方法及应用研究[D]. 北京: 中国地质大学, 2015.

[58] 王芳. 基于 GIS 的兴安岭地区不同植被类型土壤养分研究[D]. 济南: 山东师范大学, 2013.

[59] 李俊枝, 张滨, 吕洁华. 基于适应性管理视域的森林生态系统服务主导因子研究——以大小兴安岭森林生态功能区为例[J]. 林业经济问题, 2015, 35(2): 109-117.

[60] 陈文波, 肖笃宁, 李秀珍. 景观指数分类、应用及构建研究[J]. 应用生态学报, 2002, 13(1): 121-125.

[61] 李秀珍, 布仁仓, 常禹, 等. 景观格局指标对不同景观格局的反应[J]. 生态学报, 2004, 24(1): 123-134.

[62] 方庆, 董增川, 刘晨, 等. 基于景观格局的区域生态系统健康评价——以滦河流域行政区为例[J]. 南水北调与水利科技, 2012, 10(6): 37-41.

[63] 楼文高, 乔龙. 投影寻踪分类建模理论的新探索与实证研究[J]. 数理统计与管理, 2015, 34(1): 47-58.

[64] 高杨, 黄华梅, 吴志峰. 基于投影寻踪的珠江三角洲景观生态安全评价[J]. 生态学报, 2010, 30(21): 5894-5903.

[65] 李粤滨. 浅议《土地复垦条例》[J]. 中国集体经济, 2011, (24): 117.

[66] 何书金, 郭焕成, 韦朝阳, 等. 中国煤矿区的土地复垦[J]. 地理研究, 1996, 15(3): 23-32.

[67] 彭景权, 顾会明. 浅谈矿区土地复垦及其社会生态环境效益[J]. 科技风, 2010, (13): 115.

[68] 董晓晓. 西部生态脆弱区土地生态状况评价及预测[D]. 泰安: 山东农业大学, 2014.

[69] 朱惇. 遥感和 GIS 技术支持下的区域土壤侵蚀评价与时空变化分析[D]. 武汉: 华中农业大学, 2010.

[70] 陈旭欣. 基于适宜性评价的土地复垦技术体系研究[D]. 北京: 北京林业大学, 2009.

[71] 何维灿. 基于地貌类型单元的山西省土地利用变化与适宜性分析[D]. 太原: 太原理工大学, 2016.

[72] 冯小明. 禹门口提水东扩工程土地复垦适宜性分析评价[J]. 山西水利科技, 2016, (1): 113-115.

[73] 梁叶萍. 矿区损毁土地适宜性评价及复垦规划研究[D]. 晋中: 山西农业大学, 2014.

[74] 陶格斯. 阿拉善地区某公路建设项目生态恢复对策、措施研究[D]. 呼和浩特: 内蒙古大学, 2013.

[75] 石璞. 基于 GIS 的吉林市采矿用地复垦适宜性评价[D]. 长春: 吉林大学, 2013.

[76] 陆丹丹. 基于土地适宜性评价的煤矿土地复垦研究[D]. 晋中: 山西农业大学, 2013.

[77] 薛玉芬. 露天矿区排土场复垦适宜性评价研究[D]. 北京: 中国地质大学, 2013.

[78] 曲兆宇. 辽宁彰武雷家煤矿土地复垦方案研究[D]. 阜新: 辽宁工程技术大学, 2012.

[79] 王世东, 郭徽, 陈秋计, 等. 基于极限综合评价法的土地复垦适宜性评价研究与实践[J]. 测绘科学, 2012, 37(1): 67-70.

[80] 王铎霖. 基于适宜性评价的土地复垦技术措施研究[D]. 长春: 东北师范大学, 2012.

[81] 何芳军. 辽东地区土地复垦方案的土地复垦适宜性评价研究——以辽宁省宽甸满族自治县大西岔镇北江村硼矿土地复垦方案为例[J]. 黑龙江科技信息, 2012, (17): 112-113.

[82] 周玉伟. 损毁土地复垦潜力及效益评价研究[D]. 南昌: 江西财经大学, 2012.

[83] 石玉林. 关于《中国 1/100 万土地资源图土地资源分类工作方案要点》(草案)的说明[J]. 自然资源, 1982, 4(1): 63-69.

[84] 颜晓娟, 龚仁喜, 张千锋. 优化遗传算法寻优的 SVM 在短期风速预测中的应用[J]. 电力系统保护与控制, 2016, 44(9): 38-42.

[85] 李东, 周可法, 孙卫东, 等. BP 神经网络和 SVM 在矿山环境评价中的应用分析[J]. 干旱区地理, 2015, 38(1): 128-134.

[86] 王宏涛, 孙剑伟. 基于 BP 神经网络和 SVM 的分类方法研究[J]. 软件, 2015, 36(11): 96-99.

[87] 刘爱国, 薛云涛, 胡江鹭, 等. 基于 GA 优化 SVM 的风电功率的超短期预测[J]. 电力系统保护与控制, 2015, 43(2): 90-95.

[88] 顾嘉运, 刘晋飞, 陈明. 基于 SVM 的大样本数据回归预测改进算法[J]. 计算机工程, 2014, 40(1): 161-166.

[89] 匡芳君, 徐蔚鸿, 张思扬. 基于改进混沌粒子群的混合核 SVM 参数优化及应用[J]. 计算机应用研究, 2014, 31(3): 671-674, 687.

[90] 唐奇, 王红瑞, 许新宜, 等. 基于混合核函数 SVM 水文时序模型及其应用[J]. 系统工程理论与实践, 2014, 34(2): 521-529.

[91] 王健峰, 张磊, 陈国兴, 等. 基于改进的网格搜索法的 SVM 参数优化[J]. 应用科技, 2012, 39(3): 28-31.

[92] 苏怀智, 温志萍, 吴中如. 基于 SVM 理论的大坝安全预警模型研究[J]. 应用基础与工程科学学报, 2009, 17(1): 40-48.

[93] 张锦水, 何春阳, 潘耀忠, 等. 基于 SVM 的多源信息复合的高空间分辨率遥感数据分类研

究[J]. 遥感学报, 2006, 10(1): 49-57.

[94] 李红莲, 王春花, 袁保宗. 一种改进的支持向量机 NN-SVM[J]. 计算机学报, 2003, 26(8): 1015-1020.

[95] 葛利玲, 潘元庆, 贺传阅, 等. 金矿开采土地破坏类型及复垦措施[J]. 矿产保护与利用, 2011, (3): 38-43.

[96] 向成华, 刘洪英, 何成元. 恢复生态学的研究动态[J]. 四川林业科技, 2003, 24(2): 17-21.

[97] 姚瑞瑞. 土地复垦监管制度探索[D]. 北京: 中国地质大学, 2012.

[98] 胡振琪, 魏忠义, 秦萍. 矿山复垦土壤重构的概念与方法[J]. 土壤, 2005, 37(1): 8-12.

[99] Cairns J, Palmer S E. Restoration of urban waterways and vacant areas: The first steps toward sustainability.[J]. Environmental Health Perspectives, 1995, 103(5): 452.

[100] Richard J H, David A N. Towards a conceptual framework for restoration ecology[J]. Restoration Ecology, 1996, 4(2): 93-110.

[101] 叶建军, 许文年, 王铁桥, 等. 南方岩质坡地生态恢复探讨[J]. 水土保持研究, 2003, 10(4): 238-241.

[102] 任海, 彭少麟, 陆宏芳. 退化生态系统恢复与恢复生态学[J]. 生态学报, 2004, 24(8): 1760-1768.

[103] 范光华, 贾刚, 张进. 格宾网挡墙在滨江路堤防工程中的应用[J]. 水利水电施工, 2010, (1): 14-16.

[104] 刘强. 削坡及生态恢复工程中的稳定性问题[D]. 青岛: 中国海洋大学, 2008.

[105] 郭浩, 范志平. 水土保持林体系研究的回顾[J]. 中国水土保持科学, 2004, 2(1): 97-101.

[106] 蒋建华, 丁文斌, 陶吉平, 等. 复垦土地的土壤改良技术初探[J]. 上海农业科技, 2008, (6): 20-21.

[107] 刘淑芬. 鱼鳞坑整地、容器苗栽植技术[J]. 河北林业, 2011, (3): 42-43.

[108] 潘树林. 浅析边坡植被恢复[J]. 宜宾学院学报, 2003, 3(3): 93-95.

[109] 马文宝, 姬慧娟, 宿以明, 等. 植被毯边坡防护特点及其研究应用[J]. 中国水土保持, 2013, (1): 30-33.

[110] 陈冀川, 辜彬. 论植生袋在岩质边坡上的景观应用[J]. 中国水土保持, 2014, (5): 32-35, 73.

[111] 印建文. 高寒地区路基草皮护坡及草皮水沟施工技术[J]. 西部探矿工程, 2008, 20(1): 211-213.

[112] 唐乐人. 厚层基材喷射植被护坡在路基生态防护中的应用[J]. 湖南交通科技, 2005, 31(4): 72-74.

[113] 黄燕. 挂网客土喷播技术在石质边坡防护中的应用[J]. 森林工程, 2012, 28(6): 62-64.

[114] 周利民. 运用液压喷播技术进行植草护坡的研究[J]. 水土保持通报, 2003, 23(3): 45-47.

[115] 胡成云. 封山育林的设计与实施[J]. 现代园艺, 2014, (4): 154.

[116] 朱云. 株洲市清水塘工业区生态恢复模式研究[D]. 长沙: 湖南师范大学, 2013.

[117] 李建. 生态恢复关键技术研究[M]. 北京: 中国林业出版社, 2009.

[118] 黎华寿, 骆世明. 草类在生态环境保护中的地位和作用[J]. 生态科学, 2001, 20(1): 121-126.

[119] 傅沛云. 东北草本植物志[M]. 北京: 科学出版社, 1998.

[120] 辽宁省林业土壤研究所. 东北草本植物志 第五卷[M]. 北京: 科学出版社, 1976.

[121] 秦忠时, 方振富, 赵士洞. 东北草本植物志 第 10 卷[M]. 北京: 科学出版社, 2004.

[122] 刘晓静. 草坪质量评价新方法——综合外观质量法[J]. 甘肃农业大学学报, 2004, 39(6): 651-655.

[123] 范海荣, 华珞, 王洪海. 草坪质量评价指标体系与评价方法探讨[J]. 草业科学, 2006, 23(10): 101-105.

[124] 张珍. 草坪质量综合评价体系研究[D]. 兰州: 甘肃农业大学, 2000.

[125] 云宝庆, 李德增, 王宝春, 等. 用层次分析法评价草坪质量的研究[J]. 天津农业科学, 2010, 16(4): 57-59.

[126] 杨超, 郭轶敏, 彭健, 等. 防护草坪质量评价及其混播组合优化研究[J]. 草业与畜牧, 2013, (2): 10-15.

[127] 楚渠, 沈大刚. 浅谈草坪混播草种组合[J]. 安徽农业科学, 2006, 34(11): 2382, 2430.

[128] 王旭, 曾昭海, 胡跃高, 等. 豆科与禾本科牧草混播效应研究进展[J]. 中国草地学报, 2007, 29(4): 92-98.

[129] 谢文霞, 王光火, 张奇春. WOFOST 模型的发展及应用[J]. 土壤通报, 2006, 37(1): 154-158.

[130] 张铁楠, 许为政, 魏湜, 等. WOFOST 模型对东北春麦区春小麦生长和产量的模拟效果[J]. 麦类作物学报, 2015, 35(1): 120-128.

[131] 张铁楠. WOFOST 模型在东北春麦区生产中的应用研究[D]. 哈尔滨: 东北农业大学, 2014.

[132] 张铁楠, 许为政, 魏湜, 等. 基于 WOFOST 模型的东北地区春小麦水分平衡模拟与验证[J]. 水土保持研究, 2015, 22(4): 45-51.

[133] 王希群, 马履一, 贾忠奎, 等. 叶面积指数的研究和应用进展[J]. 生态学杂志, 2005, 24(5): 537-541.

[134] 翟文涛. 造林地和树种的选择[J]. 黑龙江科技信息, 2016, (25): 274.

[135] 童丽丽, 吴祝慧, 王哲宇, 等. 层次分析法与熵技术评价在南京城市绿化生态树种选择中的应用[J]. 东北林业大学学报, 2010, 38(9): 58-61.

[136] 孙海滨, 刘佳胜. 哈尔滨乡土树种综合评价[J]. 吉林农业, 2012, (2): 182, 145.

[137] 陈敏红. 杭州城市森林树种选择研究[D]. 杭州: 浙江大学, 2005.

[138] 徐红梅, 潘磊, 史玉虎, 等. 三峡库区水土保持树种选择研究[J]. 湖北林业科技, 2011, (6): 1-6.

[139] 马栋栋, 王晓茜, 吴海霞. 基于 AHP 的模糊综合评判法在园林树种选择中的应用[J]. 绿色科技, 2012, (3): 98-99, 102.

[140] 刘云华. 基于层次分析与模糊评判法的彩叶树种综合评价[J]. 福建林业科技, 2010, 37(4): 31-37.

[141] 张文辉. 基于 G1 赋权模型的生态城市发展管理评价[J]. 中国人口·资源与环境, 2012, 22(5): 81-86.

[142] 雷中英, 严守德. 基于 G1 法的高校财务风险预警指标体系权重确定[J]. 价值工程, 2010, 29(2): 38-39.

[143] 马志海. 东北林区天然混交林单木生长模型的研究[D]. 哈尔滨: 东北林业大学, 2006.

[144] 芦海涛. 黑龙江省市县林区主要树种区域相容性单木生长模型研究[D]. 哈尔滨: 东北林业大学, 2011.

[145] 杜春雨, 范文义. 叶面积指数与植被指数关系研究[J]. 林业勘查设计, 2013, (2): 77-80.

[146] 刘立鑫. 应用冠层分析仪对天然次生林冠层结构及光照分布的研究[D]. 哈尔滨: 东北林

业大学, 2009.

[147] 张艳灵, 张红. 通用土壤流失方程研究进展[J]. 山西水土保持科技, 2013, (2): 12-15.

[148] 胡文敏, 周卫军, 余宇航, 等. 基于 RS 和 USLE 的红壤丘陵区小流域水土流失量估算[J]. 国土资源遥感, 2013, 25(3): 171-177.

[149] 王万中, 焦菊英, 郝小品, 等. 中国降雨侵蚀力 R 值的计算与分布(Ⅰ)[J]. 水土保持学报, 1995, (4): 5-18.

[150] 张照录. 基于 DEM 通用土壤流失方程地形因子的算法设计与优化[J]. 水土保持研究, 2007, 14(3): 203-205.

[151] 李彦涛. 通用土壤流失方程在蓟县山区水土流失监测中的应用[J]. 海河水利, 2015, (6): 59-61, 67.

[152] 张成武. 通用土壤流失方程在水土流失预测中的应用[J]. 云南水力发电, 2008, 24(6): 5-9, 21.

[153] 肖满生, 文志诚, 张居武, 等. 一种改进隶属度函数的 FCM 聚类算法[J]. 控制与决策, 2015, 30(12): 2270-2274.

[154] 徐少平, 刘小平, 李春泉, 等. 基于区域特征分析的快速 FCM 图像分割改进算法[J]. 模式识别与人工智能, 2012, 25(6): 987-995.

[155] 韩敏, 沈力华. 基于 FCM 与神经网络的案例推理方法[J]. 控制与决策, 2012, 27(9): 1421-1424.

[156] 娄银霞, 程铭, 文高进, 等. 基于 FCM 和遗传算法的图像模糊聚类分析[J]. 计算机工程与应用, 2010, 46(35): 173-176, 195.

[157] 吕晓燕, 罗立民, 李祥生. FCM 算法的改进及仿真实验研究[J]. 计算机工程与应用, 2009, 45(20): 144-146, 164.

[158] 田军委, 黄永宣, 于亚琳. 基于熵约束的快速 FCM 聚类多阈值图像分割算法[J]. 模式识别与人工智能, 2008, 21(2): 221-226.

[159] 宫改云, 高新波, 伍忠东. FCM 聚类算法中模糊加权指数 m 的优选方法[J]. 模糊系统与数学, 2005, 19(1): 143-148.

[160] 王改粉, 赵玉国, 杨金玲, 等. 流域尺度土壤厚度的模糊聚类与预测制图研究[J]. 土壤, 2011, 43(5): 835-841.

[161] 张之一. 黑土开垦后黑土层厚度的变化[J]. 黑龙江八一农垦大学学报, 2010, 22(5): 1-3.

[162] 陈佳, 史志华, 李璐, 等. 小流域土层厚度对土壤水分时空格局的影响[J]. 应用生态学报, 2009, 20(7): 1565-1570.

[163] 张春荣. 典型草原栗钙土层厚度模型的研究[D]. 呼和浩特: 内蒙古农业大学, 2008.

[164] 解运杰, 刘凤飞, 白建宏, 等. 基于 GIS 技术的黑龙江省典型土壤有效土层厚度调查研究[J]. 水土保持研究, 2005, 12(6): 255-257.

[165] 王绍强, 朱松丽, 周成虎. 中国土壤土层厚度的空间变异性特征[J]. 地理研究, 2001, 20(2): 161-169.

[166] 张本家, 高岚. 辽宁土壤之土层厚度与抗蚀年限[J]. 水土保持研究, 1997, 4(4): 57-59.

[167] 刘铁辉. 应用数学模型编制土壤厚度图的探讨[J]. 水土保持通报, 1988, (5): 23-29.